ホンダ イノベーションの神髄

小林三郎 著
元・ホンダ経営企画部長

日経BP社

はじめに

「イノベーションを成功させるためにすべきことは何か」。これを明らかにするのが本書の狙いである。ホンダには、イノベーションを成功に導くための企業文化と仕掛けがある。「ワイガヤ」「三現主義」「哲学」などだ。しかし、これらの内容を単純に解説するだけでは「成功のためにすべきこと」を明確にすることはできない。そのため本書では、こうした企業文化や仕掛けの内容だけではなく、実際の技術開発プロジェクトにそれらがどう作用し、どんな効果を生んでいるかを紹介することに徹底的にこだわった。

著者はこれに適任である。二〇〇五年までホンダで経営企画部長を務めて退職したが、もともとは技術者だ。しかも、周囲に反対されながら一六年間に及ぶ技術開発を続け、日本初のエアバッグの商品化を成功させた。その間、イノベーションを加速するホンダの企業文化と仕掛けにどっぷりと漬かってきたからだ。その全容を本書で明らかにしたい。さらに一言付け加えると、ホンダの企業文化と仕掛けの特徴は「天才ではない普通の人がイノベーションを達成する」ことに主眼を置いている点である。イノベーションは、決して天才だけのものではない。

「イノベーションを成功させるためにすべきことは何か」に関してマニュアルはない。その内容はもっと深い。しかし、深いゆえに、「成功のためにすべきこと」を追究していくと、「イノベーションの本質とは何か」「最近なぜ日本企業からイノベーションが生まれないのか」「誰がイノベーションを止めているのか」「どうしたらイノベーション力を回復できるのか」という、現在の喫緊の課題に対して、解決の手掛かりを得ることができる。具体的な中身は本書を見ていただくとして、ここではまず最初に、日本企業のイノベーションを取り巻く環境を押さえておく。

成功したほとんどの企業の創業期はとてもイノベーティブである。他企業のモノマネだけでは長続きはせず、すぐに破綻してしまうからだ。ところが企業規模が段々と大きくなるに伴い、どういう訳かどんどんイノベーション力が落ちていく。一体なぜだろう。

一九九〇年にバブルがはじけてから、多くの日本企業は効率化とコストダウンをメインにしてきた。このため、現在の日本企業のトップのほとんどが効率化とコストダウンで実績を上げてきた人たち、言い換えれば、この二〇年間何も新しいことをやってこなかった人たちなのである。その結果、一部の革新的企業を除いて最近日本から新しいものが何も出てこない。さすがに経営陣もこれには気付いていて、「イノベーションを起こせ」と叱咤激励したり、中にはイノベーション部という組織をつくったりしている。ところが企業の若い人に聞くと、「上がイノベーションを起こせと指示を出しているのに、いざやろうとするとどうにも動きにくい。指示を出した人たちが裾を踏んでいる」とのこと。なぜこんなことが起きるのだろう。

その理由を考える上で、イノベーションに関する二つの特徴的事実を挙げたい。

一つめは「人と組織」に関することである。私が所属していたホンダのように、小さなベンチャー企業として創業し、そこから数々のイノベーションを起こして成功した企業の創成期には、以下の三つの共通項目がある。

①ユニークなリーダー（例えば本田宗一郎やスティーブ・ジョブズ）

②ろくでもない社員（社会一般の評価ではBクラス、Cクラスの人たち。Aクラスの人は小さなベンチャー企業には来ない）

③年寄りがいない

それが今の日本の大企業は、

④普通のリーダー

⑤有名大学卒の優秀な社員（成績が良く記憶力と論理的判断力が高い）

⑥年寄りだらけ

この結果、何が起こっているか。これまで世の中になかった新しい製品を造るイノベーションはハイリスク・ハイリターンであることを歴史が証明しているのに、普通のリーダー（④）や年寄り（⑥）がリスクを極度に恐れる結果、イノベーションに挑戦すらしなくなっている。論理的な思考が得意な人たち（⑤）も、論理を超えてその先にあるイノベーションは分らない。普通のリーダー（④）や優秀な社員（⑤）は管理するのが大好きだが、管理すればするほどイノベーションから遠ざかっていく。リスクを恐れない、あるいは積極的に取りにいく①②③の人たちとは大違いである。

①②③はイノベーションを起こすための十分条件ではないので、これがそろっていると企業がイノベーティブになるとは必ずしも言えないが、必要条件の大切さを示唆している。

二つめは「反対勢力」に関してである。これは一つめと密接に関係するが、イノベーションは社内で常に大反対される。これはまぎれもない事実である。例えばソニーの「ウォークマン」のように世の中を大きく変えた革新的な大ヒット商品でさえ、実は社内では反対派が多数を占めていた。

初代「ウォークマン」が発売されたのは一九七九年のこと。もともとは当時名誉会長であった井深大が「飛行機の中で、きれいな音で音楽が聴けるモノを造ってほしい」と要請したことがきっかけだった。技術者たちは、録音機能を省いて超小型化したカセットテープ・プレーヤーを開発。多くの役員と技術エキスパートが録音機能のないことを理由に大反対したが、売り出してみたら世界中で爆発的ヒットとなり、ソニーは急成長した。

エアバッグの開発でも反対派は圧倒的に強かった。私は一九七一年に本田技術研究所に入社し、エアバッグの研究開発を始めた。研究所のトップであった久米是志さん（後の三代目ホンダ社長）以外のほとんどの技術屋が大反対で、支援してくれる人はいなかった。トップ以外ほぼ全員反対の中での研究開発には、筆舌に尽くしがたい困難とストレスが降り掛かる。それはもう、ただただイバラの道であった。

イノベーションに挑戦しようとすると、このような反対勢力が必ず出てくる。これに打ち勝たなければならない。大反対されたエアバッグだが、一九八七年に商品化されると、卓越した安全性が評価されてお客様の支持を集め、瞬く間に標準装備になった。エアバッグが世の中に出る前は、日本で年間一万人の方が交通事故で亡くなられていたが、現在は五〇〇〇人を切っている。

世界中で交通事故の死傷者数低減に絶大な効果を発揮した。

なぜエキスパートは、イノベーティブな製品が分からないのだろうか。おやじ（ホンダ創業者の本田宗一郎）は、「今起きていることは、若い人にしか分からない。年寄りは過去の知識と経験が豊富なので、素直に正面から受け取れないのだ」と言っていた。過去の知識と経験は全て過去知であり、未来知ではないのである。

「人と組織」と「反対勢力」に加えて、イノベーションの本質を考える際には、仕事を大きく二つのタイプ、すなわち「オペレーション（執行）」と「イノベーション（創造）」に分けて考えるとよい（詳しくは**2章**参照）。簡単な定義は、かけた時間にアウトプットがほぼ比例するのがオペレーションであり、一時間やると一時間分、三時間やると三時間分のアウトプットが出てくる。これと違い、イノベーションは時間に応じて成果が上がらないが、長い時間やっていると突然アウトプットが出てくる。従って成果主義、特に短期的成果を求めると、イノベーションは止まってしまう。イノベーションが止まって新しいものが出てこないと、企業の衰退が始まる。これが多くの日本企業が直面している状況だ。

両者の特徴を端的に表現すると、オペレーションは正解がある場合がほとんどで、その正解を論理的に追究するので、論理的アプローチであるMBAや工学などが役立つ。一方、イノベーションには正解などなく、むしろみんなが反対するものの中にダイヤモンドが隠されている。年寄りは過去の知識と経験が豊富なので、オペレーションに向いているが、イノベーションには向いていないのである。

これらのことから、イノベーションには掟《おきて》があると考えている。四〇歳を過ぎた分別のある、でも頭が固くなりつつある人は、自分でイノベーションをやろうとしてはならない。イノベーション力のある若い人に考えさせるのである。ところが若い人は知識と経験が少ないので、提案の大半は役に立たない。技術の価値や実現可能性を見抜くのが四〇歳を過ぎたベテランの、非常に重要な役割だ。つまるところ、これがイノベーション・マネジメントといって過言ではない。ではどうやって見抜くのか。それは本質的な質問をして若い人の答えの「型」と「目」を見るのである。内容で判断してはいけない。何しろ四〇歳すぎの人には内容は分らないのだから。型とは本質とコンセプトであり、さらに目を見てその確信度、情熱、迫力を計るのである（詳しくは**15章**参照）。従って四〇歳を超えた人は、本質とコンセプトが分からなくてはマネジメントができない。

私はエアバッグ技術のＬＰＬ（Large Project Leader：主プロジェクト・リーダー）を務めたが、「アコード」や「シビック」のＬＰＬたちと話をすると、ほぼ全員が言うのは、「良いコンセプトができたら、必ず良い商品と技術ができる」ということ。コンセプトはとても大切で重要なものなのである。私のコンセプトの定義は、「お客様の価値観に基づきユニークな視点で捉えたモノ事の本質」であり、未知領域を進んでいくときの松明《たいまつ》や道しるべとなるものである。未知の領域で色（成功の可能性）の濃淡を浮かび上がらせ、集中点を定めるのがコンセプトだ。何もなしに進むとまぐれ頼みとなって的確な研究開発ができず、成功の可能性はほとんどなくなる。

おやじは、「哲学なき行動（技術）は凶器であり、行動（技術）なき理念は無価値である」と言った。そして、全ての根源にホンダらしい哲学を求めたのだ。著者が若い頃、久米さんから「なぜエアバッグをやるのか」「どういう考え方で何を目標に開発をやるのか」というような本質的な哲学を散々聞かれた。エンジニアは技術が好きなので、技術の質問にはちゃんと答えられるのだが、技術についてはあまり聞かれず、その背後にあるものの考え方を問われ、ずいぶん困ったことを覚えている。哲学のベースは、「人は何のために生きるのか」「俺は何を目指して生きるのか」「ホンダ（企業）は何のために存在するのか」といったことであり、こうした本質的な部分がイノベーションでは重要になる。ここがしっかりしていないと、軸がぶれて、コンセプトは表層を漂い、技術開発の効果的な道しるべとはならない。

イノベーションを成功に導くには、以上で述べてきた「根源となる哲学」「本質」「コンセプト」が不可欠である。特に天才ではない普通の人にとって、これらはイノベーションの成功に向けて欠くことのできない道しるべだ。いささか抽象的で理屈っぽくなってしまったが、これらが具体的にどう役立つかは、以下に続く24章で実践論として紹介していく。なお、社名については本田技研工業時代のエピソードを紹介する際も、現行のホンダと表記した。研究開発子会社は本田技術研究所とした。

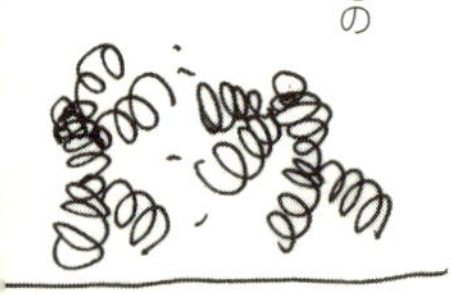

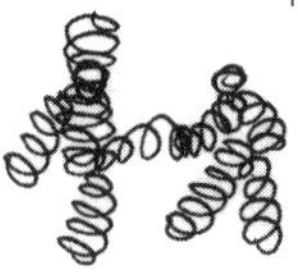

1章 絶対価値

ここでのポイント

◎ イノベーションは効率化できないが、成功の確率は高められる。

◎ イノベーションの目的は顧客の絶対価値を実現すること。

◎ 絶対価値は、「差」ではなく「違い」を生む。

さあ、未踏の技術に挑もう

まだどこにもない技術の開発、すなわちイノベーションに挑戦することはワクワクする。しかし、著者の経験からすると、そんなに単純なものではない。著者は、二〇〇五年にホンダを退職するまで経営企画部長を務めたが、もともとは技術者だ。一六年間の研究開発の末、日本初となるエアバッグの量産・市販に成功した。その後、助手席側のエアバッグも世に送り出した。

厳しくも楽しい

どこにもない技術だから当然、手本はない。未知の領域なので正解があるかさえ、分からない。成果がなかなか得られないと、「成功の見込みがない」とか「コストを考えろ」とかいった外野の声が耳に入ってくる。あなたがリーダーだったとしたら、失敗に終ったときの部下に対する責任も強く感じるだろう。そんな中で研究開発を続けていくには、自らの志を推進力にするしかない。自らを叱咤するしかない厳しい世界だ。

にもかかわらず、「イノベーションに挑みたい」――技術者の本能がそうささやく。イノベーションとは技術革新による新しい価値の創造であり、人々の暮らしや社会を良くする原動力となるからだ。技術者なら必ず、自らの手で成し遂げたいと思うはずである。その意味でイノベーションに取り組むことは楽しい。

一九八七年一二月一〇日、事故が起きてエアバッグが初めて日本で作動し、乗員を保護したと販売店から連絡を受けた。すぐに時間をつくって会いに行った相手は、群馬県の地元企業の社長さんで、「エアバッグで命拾いした。ありがとう。ありがとう」と何度も感謝の言葉を受けた。握手した時の感覚は、今も手に残っている。その後も、多くのお客様から長期間にわたってエアバッグに対する感謝の手紙をいただいた。技術者冥利に尽きるとはこのことだ。

技術者としてのキャリアの大半をエアバッグの開発・量産・市販に充て、その後はホンダの経営と身近に接してきた。その間にイノベーションについて真剣に考え続けた。理想化する気は毛頭ないが、ホンダにはイノベーションを成功に導く企業文化や仕掛けがあると考えている。

本書では、イノベーションの成功を引き寄せるための考え方やアプローチを、腰を据えて紹介していきたい。それは、薄っぺらなノウハウ集ではない。元来、イノベーションは効率化できるものではない。未知領域を切り開くイノベーションは試行錯誤が必須な上、何に対して試行錯誤をすればよいかさえも分からない。論理が通じないのだ。ただ、効率化はできないが、成功の確率は高められる。

ありがたいことに、ホンダはイノベーションで成果を上げている企業と評価されることがある。しかしその際、「長期的な視点からイノベーションに取り組めるのは大企業だから」と付け加えられることも多い。この「大企業だから」というのは、少なくとも第一の理由ではない。[*1] 一九七〇年代、対応できないとされていた米国排ガス規制を「CVCC」[*2]エンジンでクリアした際も、日本の小さなメーカーの快挙と報じられた。

こういったチャレンジ精神は今もある。ホンダのイノベーションというと、人間型ロボット「アシモ」やジェット機などの大きなプロジェクトが注目されているが、手作りの雰囲気を残すプロジェクトの方が数としては多い。例えば、前後／左右／斜めに自由に動ける電動一輪車や、カセットボンベで動く耕運機などだ（**図1-1**）。これは、技術者が自分で考え、自発的に取り組んだ成果である。

ホンダが持っている、イノベーション魂を醸成する企業文化や仕掛けが明確になったのは、ホンダを離れてから、大学で社会人の大学院生を相手に講義をしたり、さまざまな企業でイノベーションをテーマにした講演を行ったりした中でのことだ。他社の人たちとの議論を通じて、その本質が見えてきたのである。

「絶対価値」を実現する

例えば、ある企業のトップが社員を前に「現在の世界不況の中で、企業として成長を続けるには、まずは徹底したコスト削減。そ

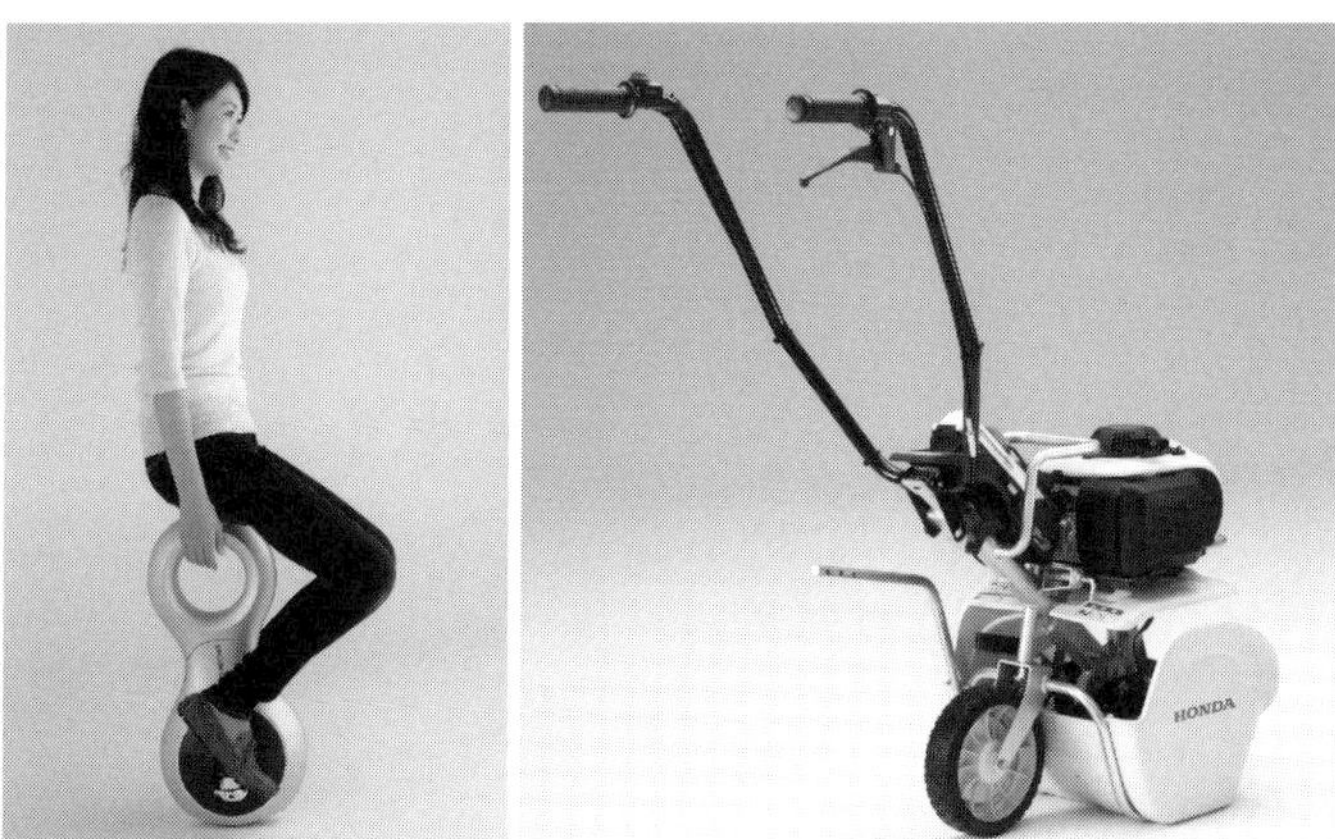

図1-1：ユニークな製品・技術を開発
重心を移動させることで前後／左右／斜めに自由に動ける電動1輪車「U3-X」（左）。2009年9月24日に技術発表した。2009年3月に発売したカセットボンベで動く小型耕運機「ピアンタFV200」（右）。価格は9万9800円（税別）。

して、新たな価値を創造する技術革新を成し遂げなければならない」という話をしたとしよう。

しかしこれは、額面通り受け取れないことが多い。

価値を創造する技術革新は、未来を予感させる心地よい言葉でイノベーションの定義そのものだが、漠然とした言葉でもある。実用化までに時間もかかるし、投資も必要だ。だから、不況時に強化するには、経営トップに強い意志と覚悟がなければできない。さらに、どんな技術分野に経営資源を集中するかという戦略も問われる。

それがないと結局、前段のコスト削減のみが実施され、しかも、係長のような専務取締役が張り切って、締め付けが厳しくなる。すると、現場の雰囲気が沈んで、イノベーションに挑むための活力が失われてしまう。コスト削減は企業活動の基本だが、それだけでは先はない。

ここで強調したいことは、イノベーションは成長の糧である半面、それに挑戦するには漠然とした覚悟ではダメだということである。イノベーションの目的や意味について徹底的に考え、腹の底から、それこそ魂のレベルで理解する必要がある。

この点、ホンダは極めてシンプルだ。イノベーションで目指すものは「絶対価値」(本質的な価値と言う人もいる)の実現である。ここでいう価値とは、あくまでもお客様にとっての価値である。故に、研究のための研究や、技術者の自己満足ための技術開発には見向きもしない。

そして、絶対価値とは、「違い」を生む価値のことを指す。ここは少し説明が必要だろう。ホンダには「違い」と「差」を明確に分ける文化がある。そのイメージを図1-2に示す。Aを現時点での技術レベルだとすると、これまでの技術の改良・改善によって技術レベルを高めてBに行く場合が多い。これによって向上した分の技術レベルを差と呼んでいる。従来技術の延長なのでA—B間は地続きとなる。これなら距離感をつかみやすく、先行されても追いかけやすい。

一方、違いとは現在の技術を何らかの点で飛躍させ、ポンと飛び越えてXという絶対価値を実現

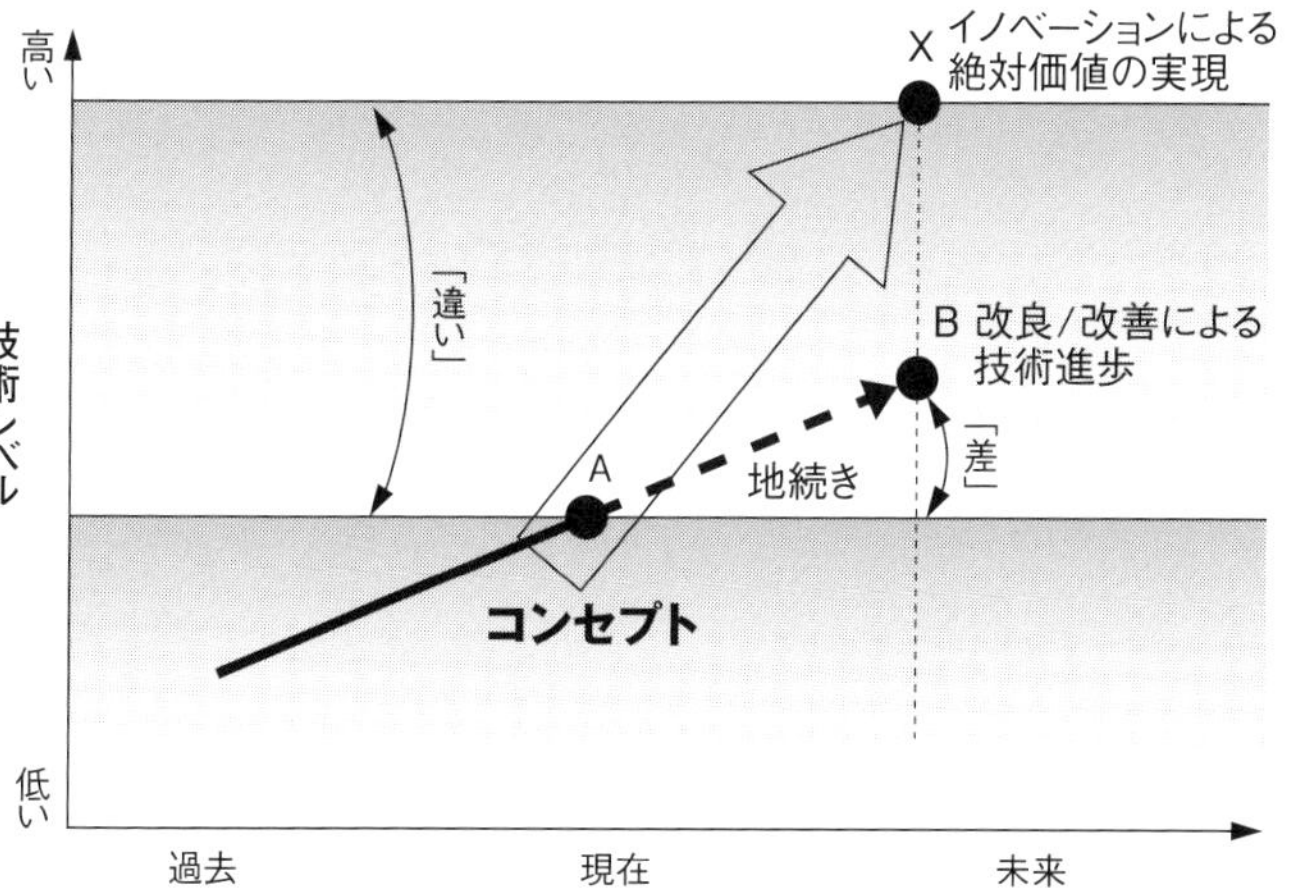

図1-2：イノベーションで絶対価値を実現

することだ。AとXの間には技術的な断層がある。そのギャップが違いを生むわけだ。例えば、エアバッグを搭載したクルマと、していないクルマでは明らかに違う。新たな技術開発が必要なので、簡単には追い付けない。その絶対価値への飛翔をイノベーションによって実現するわけだ。だから、絶対価値として何を目指すかを決めることがとてつもなく重要になる。これには自らの感度を高めて熟慮を重ねるしかないが、そのための手掛かりはある。これについては2章以降で紹介していく。

「なぜ他社の顔色を見る」

ホンダが絶対価値を徹底的に重要視していることを強烈に示す〝事件〟を著者は体験している。入社二年目の一九七二年に行われた技術報告会での出来事だ。著者は、将来のホンダの安全戦略について、本田技術研究所で久米是志・ホンダ専務（当時。後の三代目ホンダ社長）に、先輩技術者と二人で報告することになった。三カ月かけて準備をし、一五回リハーサルをして報告会に臨んだ。ホンダでは若い方がプレゼンテーションをする決まりなので、私が話すことになった。ところが、である。プレゼンが始まって数分。いきなり久米さんの顔つきが変わった。怒っている、いや激高している。しかし、なぜ怒っているのか分からない。何しろ、まだ報告はほとんど始まっていない。背景説明として、トヨタ自動車や日産自動車、米ゼネラル・モーターズ社、米フォード・モーター社の取り組みの概要を説明し、「従ってホンダの戦略は…」と話しただけ。肝心のホンダの取り組みにまでたどり着いていないのだ。

久米さんの怒りが一向に収まらないので、足がガクガク震えた。しかし、延々と続いたので、じっと聞いていると、久米さんの話の内容が少しずつ理解できるようになってきた。言いたいことはただ一つ。「他社の話なんて聞きたくない。それは相対的な話にすぎない。あんたは今、ホンダの安全の方向性を決めているんだ。そのときになぜ他社の顔色を見るのか。なぜ自分たちがこうなりたいと、絶対価値を言えないのか」ということだった。入社二年目の新米技術者に対して専務が気色ばんで真剣に怒ったのである。これが結局三〇分間続き、具体的な報告内容まで進めず、再報告になった。

相対価値ではなく、「絶対価値の実現を目指す」と話すのは簡単だが、ここまで徹底的にこだわり、実際の行動に反映させないと、その意味を腹の底から理解したとはいえない。

しかし、話はここで終わらなかった。すっかりしょげて所属していた安全研究室に帰ると、ちょうどマネジャーが外出先から戻ってきたところだった。

「今日の報告会はどうだった?」

「はい! 再報告になりました」

「どんな議論があったんだ?」

「議論はありません。背景を説明したら突然怒りだして、三〇分間説教されました」

マネジャーの目の色が変わった。

「ちょっと来い」

こうぶっきらぼうに言われて、別室に連れていかれた。

「な・ん・で、ケンカをしてこない! 三カ月以上も考えたことを報告もできずにすごすご帰って来るやつがあるか」

著者は、(私からは反論できませんという意味を込めて)「怒ったのは、(本田技術研究所の実質トップの)久米さんです」と、やっとのことで応じた。

「それがどうした。久米だか何だか知らないが、関係ないだろ。いくら専務だって、全部が正しいわけじゃないんだ。おまえだってゼロじゃないだろ。だったら議論を吹っ掛けろ。おまえ、本気でやる気があるのか」。

久米さんに三〇分怒られ、ここでもまた三〇分怒られた。

図1－3は、ホンダの企業文化を著者なりにまとめたものだ。「高い自由度」「熱い議論」「本質的な高い志」が三つの柱だ。その「志」の項目の中に絶対価値の追求が含まれている。「専務とケンカしろ」というのは、「高い自由度」と「熱い議論」という二つの柱と深く関係している。単に**図1－3**の項目を見ると、目新しいものではないと感じるかもしれない。ホンダの企業文化の特徴は、こうした項目だけではなく、むしろ、それを日常活動の中で、とことん考えながら愚直に実践することにある。

実際ホンダでは、若手社員と取締役が役職とは関係なく、一人の人間として激論を交わすことが普通にある。著者もホンダで過ごす間、それが自然なことだと思っていた。むしろ

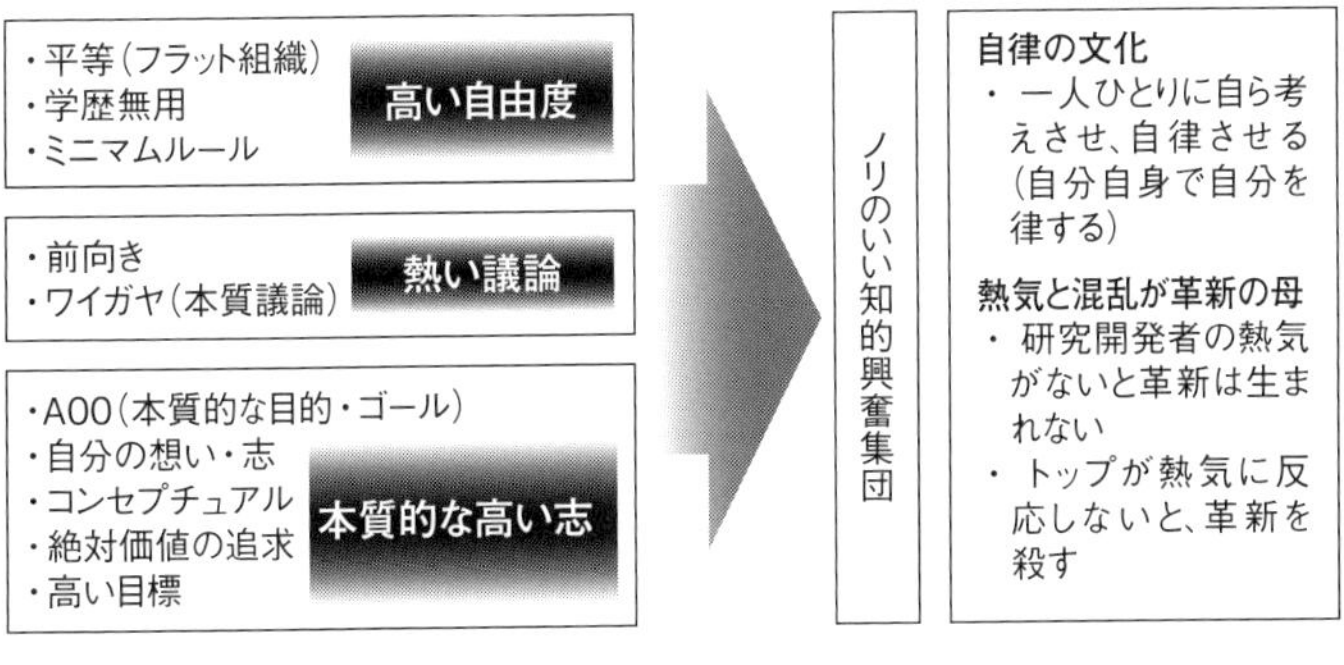

図1–3：ホンダの企業文化

だまっていることの方がダメだ、と。ところが、社会人の大学院生と話す中で、そんな企業はほとんどないことが分かってきた。自由な社風を標榜する企業が圧倒的に多いのに、である。

多くの企業では「二階級違うと議論してはいけない」。つまり、若手社員は係長とは議論できても課長の言うことは黙って聞くものだそうだ。ましてや相手が取締役ともなると、お言葉は拝聴するものらしい。それでは熱い議論などできるはずがないではないか。

実は、安全報告会のエピソードにはさらに続きがある。だいぶ後になって、久米さんと、先のマネジャーに「安全報告会では大変な目に遭いました」と個別に聞いてみたところ、二人とも全く覚えていなかった。ホンダという企業にあっては、こうしたエピソードは特に珍しいものではなく、事件でも何でもなかったわけだ。普通のことだからこそ忘れられてしまうのである。

こんな企業文化がホンダのイノベーションの土壌になっている。

＊1　逆に、大企業ほどイノベーションの活力は失われると、著者は考えている。

＊2　「CVCC」エンジン　ホンダが独自に開発した、副燃焼室を備えた希薄燃焼システム。世界で初めて、当時の米国の排ガス規制を満足した。

2章 イノベーション包囲網

ここでのポイント

◎イノベーションには、他の業務とは全く異なるアプローチが必要。

◎イノベーションは"端っこ"から生まれて全体の価値をひっくり返す。

◎経営陣は、イノベーションは失敗する方が多いという現実を理解しなければならない。

なぜ上司や周囲は反対するのか

あなたがとびっきりのイノベーションのアイデアを持っていたとしよう。商品に組み込めば、今まで見たことも聞いたこともないような機能を実現できる。しかもそれは、顧客が心から望んでいる機能だ。もちろん、部署としての正式なプロジェクトではないので、自分の時間を使ってサーベイする。原理的には不可能ではない。技術開発の道筋は混沌としているが、致命的なデッドロックはないようにみえる。「技術的には筋がいい」。そう、あなたは確信する。

ある日、あなたは思い切って「この技術の可能性を探ってみたい」と、上司に相談する。ところが上司は迷惑そうな表情を浮かべ、「君には今、他にすべきことがあるんじゃないか」と不機嫌になる。まるで「言われたことさえやっていればいいのだ」と言いたげだ。あなたはガックリする。

いや、そんな無理解な上司ばかりではない。あなたの提案の価値と可能性を理解し、仕事としてその技術を検討してもよいと判断してくれる上司も中にはいるだろう。そして検討を進め、満を持して役員会に提案。すると…。「開発にどれくらいの時間とカネがかかり、どれほどの利益が見込めるのか。その根拠は」「思い込みが強すぎる。そんな機能を顧客は欲しいと思うだろうか」などと集中砲火を浴びる。結局、あなたのアイデアは泡と消える。

イノベーションの危機

多くの企業でヒアリングしたところ、こうした事例が驚くほど多い。その際に共通する特徴は、評価する側に当事者意識が全くないことだ。イノベーションの初期段階、つまり世界のどこにもない技術に関して、開発費用や利益額、ましてやそれらの根拠などを答えられる人がどこにいよう。それなのに、自分は部外者的な安全圏にいながら、したり顔で問い詰める。外部の評論家ではあるまいに。

これは、技術に限ったことではない。新事業や新サービス、全く新しいデザインコンセプトの提案といったイノベーティブな案件ほど、こうした悲劇が起きている。これで提案者のやる気は根こそぎ奪われる。イノベーションに対する死の宣告といっても過言ではない。

著者の大学での主要研究テーマは「組織におけるイノベーションの在り方」なので、ここは専門分野である。イノベーションに挑戦しようとする皆さんには、こうした「イノベーションの死」が起こる状況を把握しておいてほしい。それを知っていれば、イノベーションを阻害する人たちや状況に対して、どう闘えばいいかのヒントになるからだ。

意外ではあるが、イノベーションの足を引っ張る人たちは、善意もしくは正しいと思ってやっている。悪意でやっているわけではないので説得の余地はあるが、正しいと思っているだけに始末に負えないとも言える。

執行と創造は水と油

このようなイノベーションの死を理解するには、企業活動を執行（オペレーション）と創造（イノベーション）に分けて考えるとよい。この分類は、イノベーションの本質を明らかにするために著者が提案しているもので、ここでいうオペレーションは、論理的に正解を追求できる業務のことである。ここには「社員の給与計算」といった典型的な定型業務だけではなく、例えば四～六年間隔で実施するクルマのフルモデルチェンジ（それに伴う技術開発も含む）や生産ラインの改善活動も含まれ、企業活動の約九五％を占めている。オペレーションの本質的な特徴は、すべきことが明確で、それを効率化することが主眼となることである。

一方、イノベーションは全く異なる。1章で指摘したように、「技術を現状のフェーズから未踏の領域へ飛躍させて、絶対価値（本質的な価値）を実現する」ことが目標である。最終的には成功か失敗のどちらかなので、改善や改良とは別物だ。

表2-1は、両者の違いを際立たせるために、典型的なオペレーションとイノベーションを比較したものである。オペレーションには九五～九八％という高い成功率が必須となる。ここでの成功とは、例えばクルマのフルモデルチェンジの場合は、目標通りのクルマを決められた期間とコストを守り、高い品質で造り上げることである。失敗は許されない。実施期間があまり長期化するとマネジメントが効果的に機能しなくなるので、期間は一年から、長くても数年

表2-1：オペレーションとイノベーションの違い

	業務の中での比率	期間	成功率	手法
オペレーション	95％	1～4年	95～98％	論理・分析
イノベーション	2～5％	10～16年	10％以下	熱意・想い

に限られてくる。成功するための方法論（武器）は、論理と分析だ。

一方、本格的なイノベーションの成功率は一〇％にも満たない。つまり、多くは失敗する。実施期間も一〇年以上に及ぶことが多い。長期間にわたって成功率の低い多数のプロジェクトをマネジメントすることは、論理と分析に基づいたきめ細かな手法では無理だ。このため、「熱意や想い」といった、人間性に基づく原理でプロジェクトが運営される。ホンダは一時期、そのイノベーションにおいて、およそ二〇％の成功率を達成していた。通常の二倍以上である。こうして実現した絶対価値がホンダの成長の大きな原動力になったのである。

さて、ここでもう一度、上司や周囲の人たちが、なぜ正しいという信念の下でイノベーションを阻害するのかを考えてみよう。その最大の理由は、オペレーションの価値観で、イノベーションを評価するからである。一年から数年の期間限定で一〇〇％の成功を求められるオペレーションの視点からは、一〇年以上かけて九割が失敗するイノベーションのプロジェクトは欠陥だらけに見えるのだ。

加えて、オペレーションは論理と分析に基づいてプロジェクトを進めているので、これまでの取り組み内容や成果、今後の展開・見通しを理路整然と説明できる。このため、熱意や想いを推進力とするイノベーションのプロジェクトは、いいかげんに見えてしまう。最後までイノベーションの本質を理解できないのだ。

さらに、こうした流れをダメ押しする要因がある。表に示したように、企業活動の九五％をオペレーション業務が占めていることだ。これは、裏を返せば、オペレーション業務で成果を上げて役員になった人が大多数を占めていることを意味する。オペレーションでの成功体験に照らすと、イノベーションの非効率さばかりが目に付くのだ。

しかも多くの場合、イノベーションの現場の担い手たちは変わり者だ。イノベーションは、正規分布の中央部ではなく、端部から生まれるからである（**図2-1**）。ほとんど注目されていない領域からユニークな価値を発掘することがイノベーションである。だから必然的に、担当者はユニークな

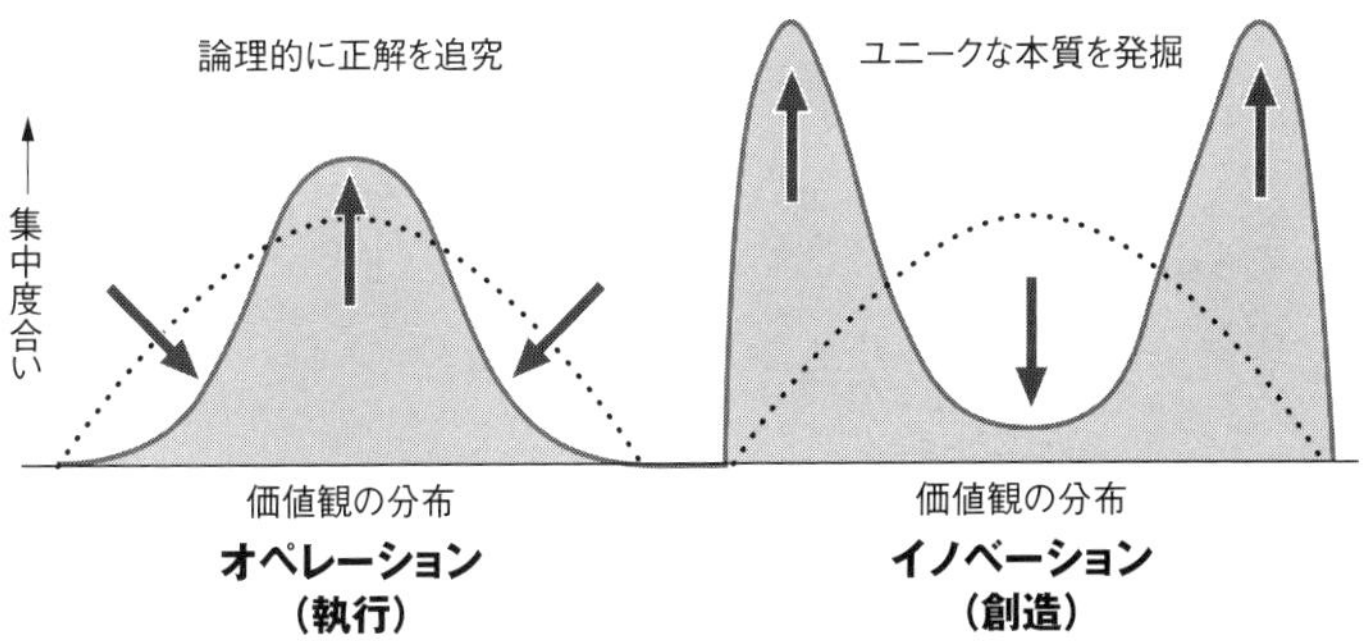

図2-1：イノベーションは端部から生まれる

人、日本語にすれば変わり者、が多くなる。一方のオペレーションは、端部を刈り込み、中央部を引き上げるのが基本的な考え方である。ここでもイノベーションとオペレーションは水と油の関係だ。結局、多数を占めるオペレーション派が主導権を取ってイノベーションを阻害し、死に至らしめることになる。

すぐに衰退が始まる

これが企業衰退の大きな原因の一つだと著者は考えている（**図2-2**）。創業期の企業は規模が小さく、やりたいことがあって起業したので、もともと新しいことに挑戦する気概に満ちている。イノベーションにも積極的に取り組む。しかも、創業者自らが判断するので意思決定が速い。ところが、企業が成長してオペ

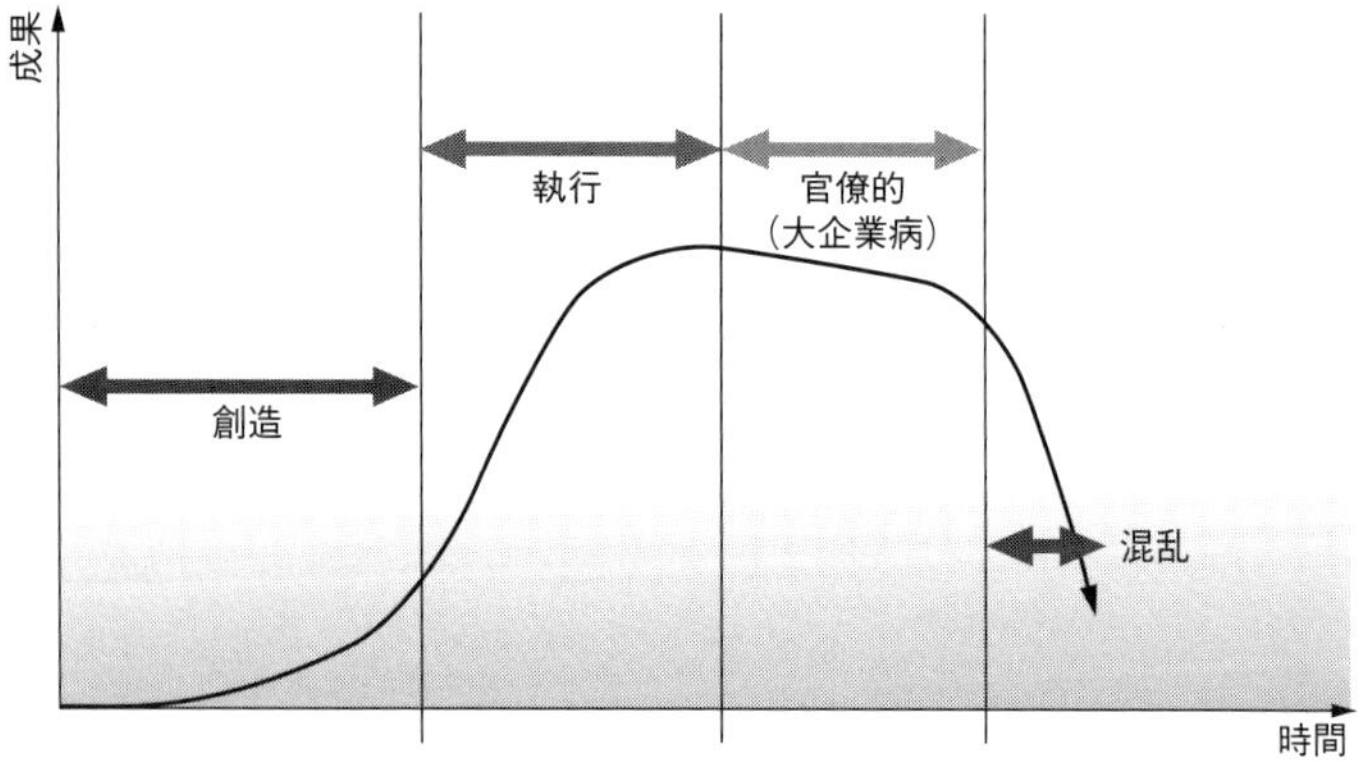

図2-2：典型的な、企業の盛衰

レーションが主流を占めるようになった瞬間に熱気が失われる。すべてを理解していると勘違いしている、オペレーションが得意な経営陣が、その成功体験に基づいて深い考えもなしに、正しいことをしていると思いながらイノベーションの息の根を止めるわけだ。しばらくはそれまでの蓄積があるので、外からは順調な経営に見えるが、新たな価値が生まれないので先細りとなる。そして待っているのは、大企業病のまん延であり、それに起因する混乱だ。多くの企業は、こうした経緯をたどって衰退していく。

皆さんがイノベーションに挑戦する際には、こうした現在の状況を把握しておいてほしい。その上で、イノベーションとオペレーションではアプローチが全く異なることを、はっきりと主張し続けるのだ。1章の繰り返しになるが、業務の効率化やコスト削減も重要だが、それだけでは先はない。

日本のものづくりは、イノベーションによる新しい価値の創造によって、世界中の人から評価されてきたのである。新興国など多くのライバルとの競争を勝ち抜くために、今ほどイノベーションによる価値づくりが求められている時代はない。

バカヤローな人たち

技術担当役員

ここでは「俺」を使わせもらうよ。本文では少し上品に「著者」などと書いているが、やっぱり俺の方がしっくりくる。俺は講義や講演などで話すと、5分に1回は「バカヤロー」と声を荒らげてしまう。イノベーションの本質を理解しないで、足を引っ張る輩《やから》に腹を立ててのことだ。その一つひとつをここでは俎上に載せていこうと思う。

まずは、技術担当役員などベテランの技術者幹部だ。彼らは技術が専門なので、これまで技術開発で大きな成果を上げているはずだが、本当か。ここは実に怪しい。多くの企業で話を聞いてみると、実際に開発を担ったのは部下で、彼らはそのときたまたま上司だっただけというケースが多いのだ。あるいは、成果を上げたのが事実だったとしても、大昔のことだったりする。それなのに、技術に詳しいという自負はあるので、何かとプロジェクトに口を出す。その揚げ句、ピント外れの問題点を指摘して、プロジェクトそのものに反対する。ホンダだって状況は似たようなものだ。エアバッグの実用化には、名だたる役員と技術者幹部のほとんどが反対に回った。

イノベーションは過去の技術から飛躍したものであり、それまでの蓄積は通用しない。ところがベテランになるほど蓄積に頼るので、非常に保守的になる。だから本質が理解できない。若手の技術者はこうした状況が把握できておらず、“偉い人”がそう言っているからと、研究を断念してしまう。本来ならば、技術担当役員は自分が理解できないような提案が若手から出てきたときこそ、やらせてみるという姿勢が大事なのに、現実は全く逆だ。それで最近の若者には独創性がないと吹聴する。これには本当にあきれるし、頭にくる。だから、声を大にして言いたい。技術担当役員のおまえ、バカヤローだ。

3章 本質的な目標

ここでのポイント

◎ 技術開発の前にAOO（本質的な目標）を徹底的に考える。

◎ AOOは、「自分らしさ」と「自社ならでは」を含んでいなければならない。

◎ AOOに沿って、プロジェクトを成功させるための個別技術課題を浮き彫りにする。

良い目標がイノベーションを導く

本書の目標は何か。もしこう聞かれたら、何と答えるか――。

「自ら体験し、実践してきたイノベーションの手法や、それを促すホンダのユニークな企業文化・DNAを理解してもらうこと」と答えたとしよう。全然ダメである。自分で書いてダメというのも変な話だが、悪い答えの見本だ。ホンダでこんなことを言うと「バカか、おまえは」と一言で片付けられ、相手にされなくなる。

骨太の目標を考え抜く

この答えは一見すると模範解答のようだが、当たり前のことだからダメなのだ。どこかの経営者が「世界経済は未だに予断を許さない状況。ここは全社一丸となって社業をもり立てていきたい」と話しているのと同じだ。そんなことは、みんな知っている。言うべきことは、社業をもり立てるための具体策である。

この二つに共通するのは、自分がないことだ。つまり一般論。そんな一般論よりも、例えば「読んでもらった人に、小林とメシを食いたいと思わせること」という目標の方がはるかにグッとくる。これには小林の人柄が出ているし、何よりも皆さんと人として関わりたいという思いが感じられるからだ。

イノベーションでは何を目指すかという目標設定が非常に難しい。1章で、「将来のホンダの安全戦略」を報告する際、トヨタ自動車や日産自動車、米ゼネラル・モーターズ社などの取り組み概要を説明した途端、当時の久米是志専務が激怒して「なぜ他社の顔色を見る」と三〇分間怒られて再報告になったエピソードを紹介した。ところが、この後の再報告はすんなり通った。

再報告に記した安全戦略の骨子は、話せなかった初回の報告と全く変わっておらず、「ホンダは、小型車が不利にならない安全技術を開発すべき」というものだ。当時ホンダは、小型車の初代「シビック」（一九七二年発売）を発売しようとしていた。そんな中、小型車と大型車が一緒に走る混合交通で小型車が不利にならないための安全技術を考えていくべきだという主張だった。こうした考え方は現在では当たり前だが、当時は大型車の方が安全というのが常識だった。小型車中心のホンダにとって必須の技術開発と判断されて、安全に関するホンダの基本戦略、技術開発の基本目標として採用されたのである。

こうした骨太の戦略や目標は、それが常識になっている現在から見ると、どこにも独創性は見当たらないように見えるかもしれない。しかし、衝突エネルギーを吸収するためのスペースが物理的に少ない小型車で、大型車に劣らない衝突安全性能を確保する技術の開発は、当時としてはとても挑戦的な目標だったし、小さなクルマに懸けているホンダらしい目標だった。

自分の魂の言葉で

ホンダでは、目標を考える際に、必ず「A00《エーゼロゼロ》」に落とし込んでいく。A00は「本質的な目標」のことで、「在りたい姿」や「夢」と置き換えてもよい。

A00は、もともと米軍の任務指令書からきている。指令書の冒頭には任務要件が三行程度で記載される。これがA00で、その後にA0（A01～A09）、A（A1～A99）といった具合に、任務を実行する上での条件や任務の具体的な内容が記載されていく。これらを詳細に見なくても、A00さえ見れば任務の本質を把握できる仕組みだ（図3－1）。これを取り入れて、ホンダでは本質的な目標を考える際、A00を明確に決めるようになっている。

本書では、イノベーションの本質を浮き彫りにするために採り上げる事例を、基本的には純粋なイノベーションに絞っている。2章で革新（イノベーション）と執行（オペレーション）に分けて説明したように、全社活動の中で純粋なイノベーションの占める比率は二～五％でしかない。例えば、クルマのフルモデルチェンジにはさまざまなの技術開発が必要だが、大半は既存の技術の改良や改善なので、著者はオペレーション業務と位置付けている。こうした分類では、純粋なイノベーションはわずかな比率を占めるにすぎない。しかし、その本質をとらえることは多くの技術開発における戦略や攻略法を考える上で参考になる。

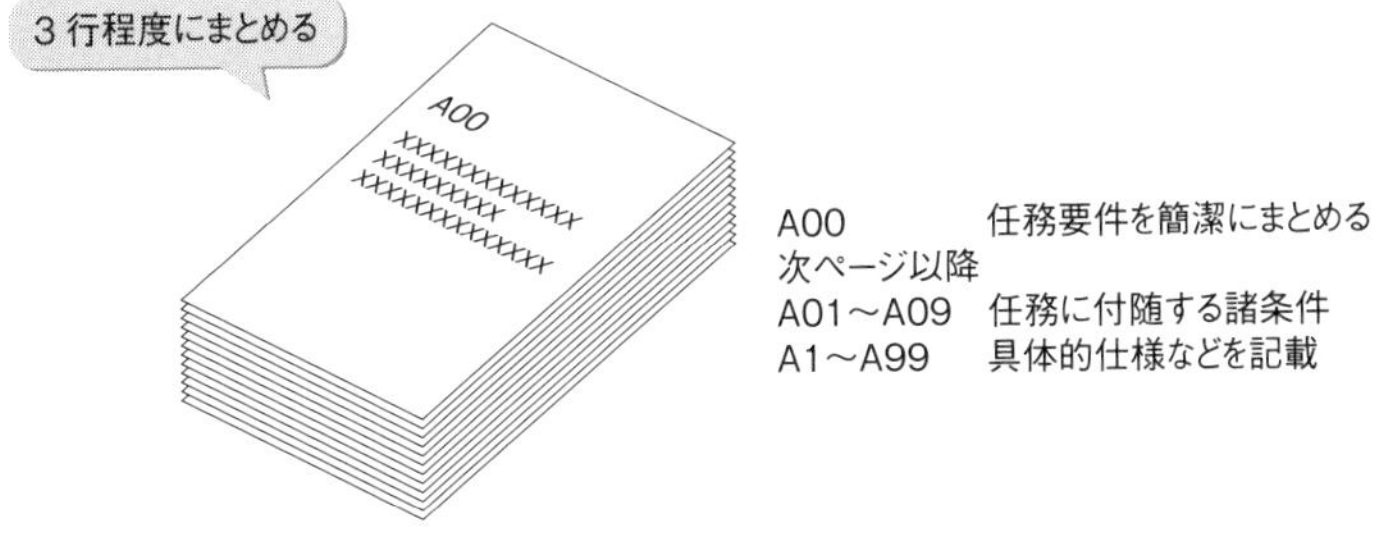

図3-1：A00と任務指令書のイメージ
ホンダのA00は、米軍の任務指令書を参考にしたもの。

ただし、今回のＡ００はイノベーション領域だけに限るものではない。ホンダでは、イノベーション領域の技術開発をＲ（Research）、新車開発などをＤ（Development）と区別して考える。新しい生産技術の開発も多くはＤに分類される。これらに対するＡ００、つまり本質的な目標の設定では、イノベーションとオペレーションを分けて考える必要はないのだ。商品開発から生産、さらには購買やマーケティングなど、ほとんど全ての業務がＡ００の守備範囲になり、さまざま業務上のプロジェクトで機動的に設定できる。

Ａ００で最も重要なことは、何が本質なのかを腹の底で理解し、魂の発する言葉として表現できるまで、とことん問い詰めることだ。Ａ００は、実は一般論にするほど考えやすい。例えば、新エンジンの開発における「小型軽量な上、低燃費で高出力」というＡ００。確かに文句はないが、これは冒頭で紹介した本書の目的「自ら体験し、実践してきた…」と同じで当たり前のこと。いわゆる官僚の国会答弁と同じで、何も言わないのと一緒だ。

実際のＡ００では、新エンジンが搭載されるクルマがどんな価値を提供しようとしているかを考えなければならない。それを熟慮した上で何を重視すべきか優先順位を決める。その結果、「とても静かでスムーズで、シフトチェンジのショックが全く感じられないようなエンジン」というＡ００にたどり着いたりする。

この際、さらに具体的に「バルブの開閉がスムーズなエンジン」としてはならない。それは、一つの手段にすぎないからだ。よく練られたＡ００は、もうこれ以上細分化すると手段になってしまう、ギリギリの直前であることが多い。これによって、必要となる手段（技術開発）を簡潔に統合するのである（**図3-2**）。

このためＡ００は、適用する商品開発や技術開発といったプロジェクトごとに、内容だけではなくフェーズも変わってくる。その商品や技術に対して「顧客は何を求めているのか」「ホンダはそのニーズにどう応えられるのか」「開発を担当するあなたは何がしたいのか」を、考

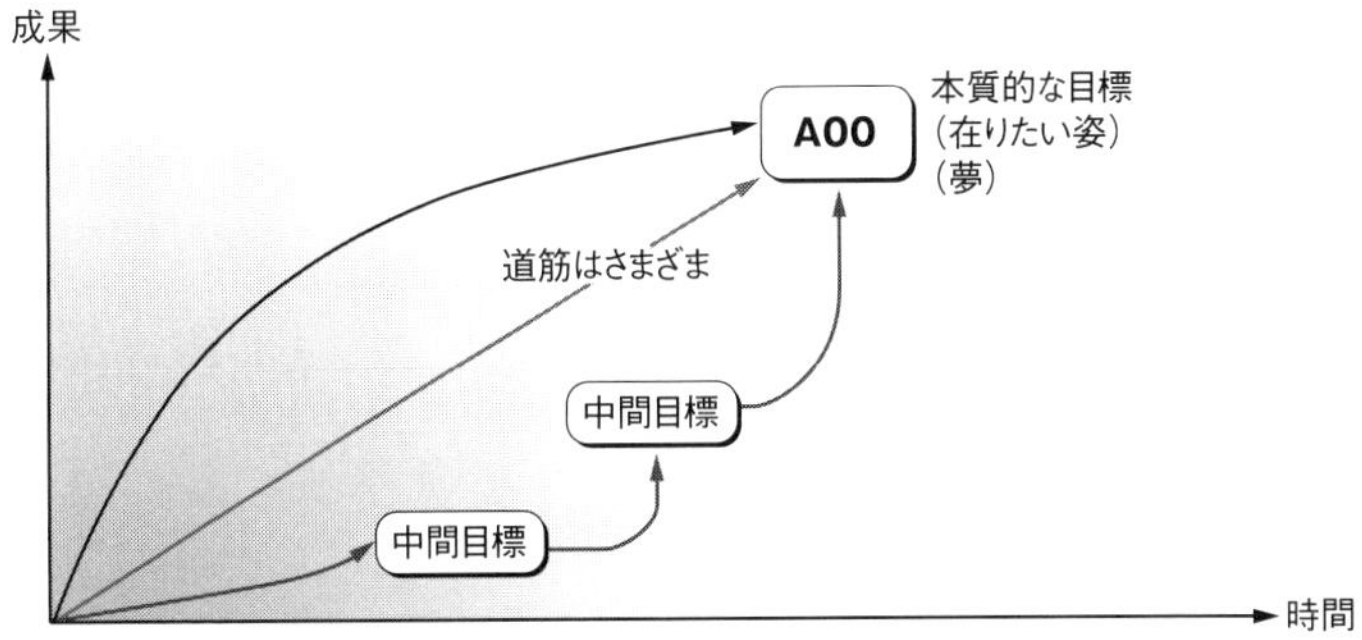

図3-2：A00達成のプロセス

A00は３行程度の簡潔な記述だが、その中にはさまざまな技術開発が統合されている。こうした技術開発を同時並行で解決していくことが必要になる。個別の技術開発は、さまざまな道筋をたどることになる。着実にA00を実現することはむしろまれで、初期にはなかなか成果が上がらず中間目標を設定することも多い。逆に初期に大きな成果を上げても、最後の詰めに時間がかかることもある。その時点で優先すべきことを判断するのが、プロジェクト・リーダーの大きな仕事になる。

えなければならない（図3-3）。「考えてばかりで技術開発が成功するのか」という声が聞こえてきそうだが（著者も最初はそう思った）、考え抜くことはとても重要である。ここでボタンを掛け違えると、それ以降の研究開発が全て水泡に帰すことさえあるからだ。

生産はA00で需要変動に対応

最近のホンダの生産改革でもA00が生かされている。生産では、高品質のクルマを低コストで造るのは当たり前なので、それではA00としては意味がない。まず今、どんな課題を抱えているかを、具体的に把握しなければならない。加えて、既にある工場が前提になるため、イノベーションとは異なりこれまでの経験が生かせる。しかし一方で、既存設備という制約条件が加わる。新規設備の開発だけではなく、既存設備をいかに有効に活用するかが重要な視点になってくる。

こうした考えの中で出てきたのが、混流生産への対応だ。さまざまな車種の需要が常に一定と

* 一般論に陥っていないか
* 手段に陥っていないか
* 絶対価値を実現できるか
* 一言で説明できるか
* コンセプトを浮き彫りにできるか
* 「自分らしさ」と「自社ならでは」があるか
* 挑戦的で高い目標になっているか

図3-3：A00を考える際のチェック項目

は限らない。少し前の自動車工場では需要の変化への対応が限られていた。Ａ車種は足りないのにＢ車種は余っているという状況がしばしば起きた。

そこで、「既存の設備を最大限に活用しながら需要変動に柔軟に対応し、しかも高度な品質が保てる生産ライン」をＡ００とした。* この生産革新は数年前に一段落ついたが、その結果、世界中のどのホンダの工場でも、さまざまな車種の混流生産が可能になっている。これで売れ筋車種の増産に、即座に対応できるようになった。ホンダは、需要変動に対応する混流生産では世界的に見ても先行した。このようにＡ００として何を設定するかは、対象となるプロジェクトの分野や、そのプロジェクトが抱える制約条件によって大きく変わってくる。逆に言えば、プロジェクトの特徴や制約条件を理解していないと、Ａ００は決められない。

著者が開発したエアバッグでもＡ００が重要だった。最上位の目標は、お客様がクルマを運転している際の死傷事故を最小限にすること。しかし、これも一般論である。そこで、エアバッグにおける問題を突き詰めて考えていった。すると問題は、誤作動によってお客様がけがをすることと、逆に衝突時に作動せずに本来の役目を果たせないという二点に収束することが分かった。命を預かる安全システムにとって、いずれも致命的な問題である。

エアバッグのＡ００は、一言でいうと「この二つの課題を最小限にすること」である。そのためにシステムの高信頼性を確保しなければならない。さらに具体的に言うと、システムとシステムを構成する部品の故障率を一〇〇万分の一以下にすることだ。エアバッグの開発では、このＡ００によって導かれた具体的な技術課題を解決することで、個別部品とシステムの故障率を下げていった。

Ａ００とコンセプトの密接な関係

著者は以前、「アコード」や「レジェンド」、シビックなどの開発責任者と議論したことがある。彼らが口をそろえるのは、ぴったりはまるコンセプトができると技術は付いてくるということだ。そして、コンセプトとＡ００は直接つながっているのである。

著者が印象に残っているのは、五代目シビック（一九九一年発売）のコンセプトになったブラジルの踊り「サンバ」である。サンバと五代目シビックのＡ００がどうつながっているかは直接は知らないが、サンバを踊っている様子を思い浮かべれば分かるように、機敏なハンドリングや躍動的なデザインがカギになっていることは間違いない。

ホンダでは、A00がこんなときにも顔を出す。若い時に、本田技術研究所全体のクリスマス・パーティーの幹事になったことがある。すると、上司がにやにやしながら「小林君、今年のパーティーのA00を言ってみろ」と話し掛けてきた。そんなことは考えてもいなかったので「一年のアカを落として、来年に向けて英気を養うことです」と答えたら、「そんな毎年使い回しができるようものじゃダメだ。おまえはA00も満足に言えないのか」とどやされた。ホンダの人たちは、こだわり始めると徹底的にしつこいのだ。

＊　このA00は、語句までは正確ではないが、趣旨は正確に反映している。他のA00についても同様。

4章 哲学と独創性の加速装置

ここでのポイント

◎ 誰もがイノベーションに貢献できる。

◎ イノベーションにはぶれない原点が必要。ホンダの場合は「三つの喜び」と「人間優先」。

◎ 企業文化と仕掛けがイノベーションを後押しする。

【息づく本田宗一郎のDNA】

ホンダのイノベーションに関して、「その秘訣は何か」とよく聞かれる。「そんなものはない」と答える。あるいは「ホンダには哲学があるから」と話す。すると、「哲学ですか」と怪訝そうな顔をされる。

哲学なき技術は凶器

ホンダの哲学は、秘訣というような薄っぺらなノウハウではない。むしろ、その対極にあるものだ。ただし、哲学の教科書に載っているような難解なものではない。日ごろの技術開発や事業活動の中に根付き、常に社員の身近にあるものだ。その哲学が、イノベーションの成功率を確実に高めるのである。

ここでは、その哲学に基づいて、ホンダはいかにイノベーションの成功を引き寄せているかについて、全体的な見取り図を示したい。著者がホンダ退職後、大学に身を置き、さまざまな企業の方々と議論する中で浮かび上がってきたものだ。それには、まず、おやじの話をしなければならない。おやじとは、ホンダ創業者の本田宗一郎・初代社長のこと。我々は敬意と親しみを込めて、「おやじ」とか「おとっつぁん」とか呼んできた。

おやじはこう話している。「理念・哲学なき行動（技術）は凶器であり、行動（技術）なき理念は無価値である」。では、その哲学とはどんなものなのだろうか。そのありようを示す象徴的な例がある。

埼玉製作所の水

ドイツの自動車メーカーが一九九〇年ごろに、工場の水をテーマにしたテレビCMを流し始めた。その工場で使った水は、元の水質レベルまで浄化して川に返しているという内容だった。日本では公害問題が落ち着いて、フロンガスを除けば環境に対する社会的な関心が低かった時期だ。当時、ホンダの社長だった川本信彦さんから、ホンダの実情を調べて対応策を考えろという指示があった。

そこで、若手を埼玉製作所（埼玉県狭山市）に行かせた。製作所の人は忙しいから、テレビCMは見ていない。埼玉製作所の所長からは「何だ、しょうがねえなぁ。先を越されちゃったな」という反応が返ってきて、その若手は製作所のスタッフと一緒に担当部署の設備管理課に行くように言われた。その上で、対応策をまとめて社長に報告するという段取りだ。

ところが設備管理課の担当者のところに行ったら、「あ、水ですか。埼玉製作所をつくった一九六四年から、元の水よりきれいにして返しています。おやじから、『水は皆さんのものだから、きれいにして返しなさい』と言われてますから」と話すではないか。みんなびっくりした。埼玉製作所では、規則値を大幅に下回るところまで工場用水の浄化を既に徹底していた。しかも一九六四年からである。当然のこととして行われていたので、社長以下経営陣は、埼玉製作所の所長も含めて誰も知らなかったのである。

だから、対応策は役員に周知徹底しただけ。メディアの取材を受けた際、製作所が稼働した当時から実施しているという事実をしっかり答えられるようにした。

水をきれいにすれば、コストは絶対に上がる。しかし、ホンダの哲学では「水は皆さんのもの」という想いの方が優先される。これは、今でいうＣＳＲ（Corporate Social Responsibility、企業の社会的責任）の例だが、イノベーションでも同じだ。哲学がしっかりしていると基本がぶれない。規制などの外部要因で右往左往することがない。背骨がビシッと通るのである。このため、ホンダのイノベーションの見取り図の中でも哲学が基盤になっている（**図4-1**）。この見取り図は、ホンダ退職後に多くの人と議論しなが

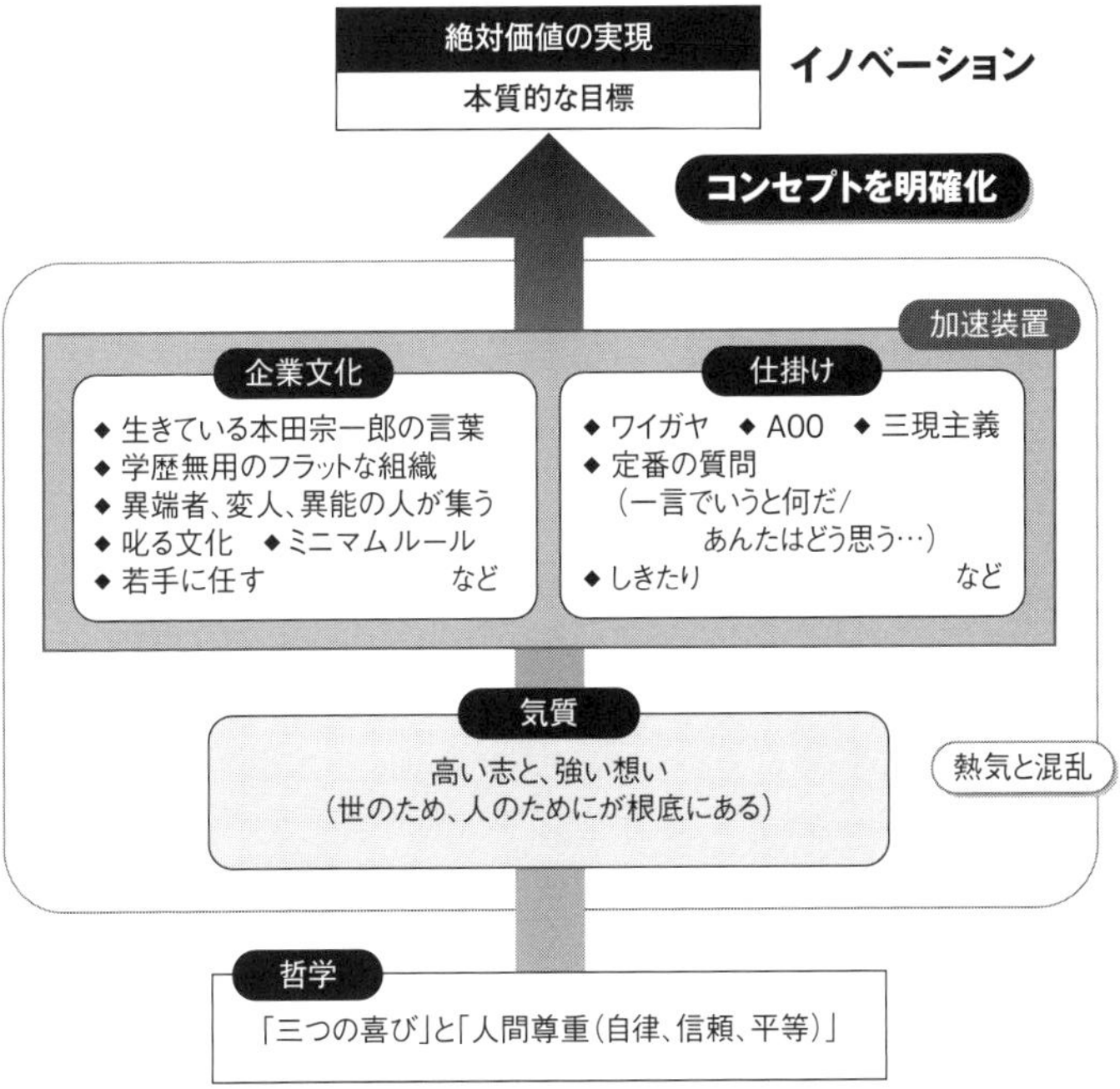

図4-1：ホンダ流イノベーションの見取り図

ら明らかにしてきた。イノベーションを加速させるホンダの仕組み全体像を初めて捉えたものだ。

そして、その哲学は「三つの喜び」と「人間尊重」の二つに集約される。

「三つの喜び」と「人間尊重」

三つの喜びとは、一九五一年一二月におやじが社内報で我が社のモットーとして掲げたもので、「作って喜び、売って喜び、買って喜ぶ」こと。おやじはその中で「私は全力を傾けて、この実現に努力している」と書いている。

三つの喜びは、技術者、販売店・代

私は、わが社のモットーとして『三つの喜び』を掲げている。すなわち三つの喜びとは、作って喜び、売って喜び、買って喜ぶ。私は、全力を傾けてこの実現に努力している。

●作る喜び

技術者のみに与えられた喜びであって、独自のアイデアによって文化社会に貢献する製品を作りだすことは何物にも替え難い喜びである。しかもその製品が優れたもので社会に歓迎されるとき、技術者の喜びは絶対無比である。

●売る喜び

わが社で作った製品は代理店や販売店各位の協力と努力とによって、需要者各位の手に渡るのである。この場合に、その製品の品質、性能が優秀で、価格が低廉であるとき、販売に尽力される方々に喜んでいただけることは言うまでもない。よくて安い品は必ず迎えられる。よく売れるところに利潤もあり、その品を扱う誇りがあり、喜びがある。売る人に喜ばれないような製品を作る者は、メーカーとして失格者である。

●買う喜び

製品の価値を最もよく知り、最後の審判を与えるものはメーカーでもなければディーラーでもない。日常、製品を使用する購買者その人である。「ああ、この品を買ってよかった」という喜びこそ、製品の価値の上に置かれた栄冠である。

図4-2：本田宗一郎が掲げた三つの喜び

理店、購入者の喜びを同時に実現することを目指したものだ（図4－2）。中でもおやじは、「買って喜ぶ」を最も重要と考えていた。「製品の価値を最もよく知り、最後の審判を与えるものはメーカーでもなければディーラーでもない。日常、製品を使用する購入者その人である。『ああ、この品を買ってよかった』という喜びこそ、製品の価値の上に置かれた栄冠である」と宣言している。

これは、技術者の独り善がりに対する戒めにもなっている。「買って喜ぶ」を真剣に考えれば、技術者がイノベーションで実現すべきは顧客に喜んでもらうための価値という考えが自然と出てくる。だから、論文を書くための研究や、技術者の好奇心を満たすための技術開発には見向きもされない。そして、最後の審判はユーザーがするので、例えばユーザーに違和感がある場合は、製品や技術に問題があると考えるのである。

一方の人間尊重は、おやじがもう一人の創業者である藤沢武夫・初代副社長と出会った時、二人の想いとして自然に固まったといわれている。二人は一週間、語り明かした。その際、自分たちが人にやられて嫌だったことを社員には絶対に味わわせないことと、高い志でやろうという二つを話したらしい。おやじは小学校卒だし、藤沢さんも中学校しか出てない。それで、いろいろつらい目に遭ったようで、社員には絶対そんな目に遭わせないと決めた。おやじは「ムダなやつは一人もいない。皆に得手をやらせれば苦労を厭《いと》わず向上心が出て頑張り、本人は幸せなんだ」と語っている。「B・C級（の人材）は出て行け」と言い放った米国の経営者とは大きな違いだ。

後に川本さんがこの人間尊重を分かりやすく整理し、「人間尊重とは自律、平等、信頼のこと」と言っている。人間として尊重し合うには、まず一人ひとりがしっかり自律していることが必要。その自律した個人が平等な立場でお互いを信頼することが、ホンダの目指す人間尊重というわけだ。

人間尊重は個性の重視とも重なる。異端者や変人、異能の人を排除しないで尊重する、懐の深い文化がホンダには根付いている。むしろ、イノベーションを目指すチームは変わり者だらけだ。個性がない人、言い換えれば自分の考えを持たない人に独創的な仕事ができるわけがない。人間尊重は、個性の重視を通じてイノベーションとも密接に関係しているのだ。

行動なき理念は無価値

ホンダは、三つの喜びと人間尊重を基本理念・哲学にしているが、哲学だけでイノベーションが実現できるわけではない。「行動（技術）なき理念（哲学）は無価値」なのだ。

そこでホンダは、理念・哲学を実際の行動に結び付ける、「企業文化」と幾つもの「仕掛け」を培ってきた。人間尊重はホンダの企業文化として、三つの喜びは目指すべき目標として、ホンダ社員の体に染み付いている。

こうした企業文化や仕掛けが、イノベーションを強力に後押しするのだ。個別の項目に関しては今後、具体的に紹介していくが、例えば3章で紹介した、本質的な目標を簡潔に表現するA0や、三日三晩の合宿で一つのテーマについて徹底的に議論するワイガヤといった仕掛け、熟慮を経ていない発言に対して徹底的に叱りつける文化や学歴無用のフラットな組織という企業文化が、いわば加速装置のような役割を果たしてイノベーションを推し進める。こうした企業文化と仕掛けがホンダ独特の「熱気と混乱」を生んでいるのだ（**図4-1**）。

もちろん企業文化や仕掛けと、哲学は、強く呼応し合っている。ワイガヤは自律、信頼、平等を前提とする人間尊重なしには成り立たないし、A00は三つの喜びを基本として考えなければならない。こうした哲学に立脚してイノベーションを加速するホンダ流は、実体験を通じて形成された。ただ、仕掛けづくりに関しては、三代目社長の久米是志さんの存在が大きかったと思う。

A00を導入したのは久米さんだし、ワイガヤを始める際にも久米さんが深く関わったといわれている。もともとおやじは、「技術の前に哲学がなきゃダメだ」とか「素人に分かりやすく説明できないようじゃ、おまえは分かっていない」ということを常に社員に話していた。時には「おまえたちはこれが本当にお客様の価値だと思っているのか」と涙を流しながら殴りつけることもあった。

久米さんたちはそうやって直接鍛えられたが、おやじが第一線から遠ざかっていった時期、どうすればいいかを真剣に悩み、熟慮に熟慮を重ねたのだと思う。おやじは天才だから、普通の人間には同じことはできない。そして、何とかしておやじのDNAを引き継ごうとしてたどり着いたのがA00であり、ワイガヤだったのではあるまいか。

高い志と強い想い

　実はもう一つ、ホンダ流イノベーションの必須条件がある。技術者が高い志と強い想いを持つことだ。ホンダでは、技術者個人の自由と裁量に任されている領域が広い。技術者のやる気がなくなったら、いくら本質に根差した哲学があり、イノベーションの加速装置を備えていても全く役に立たない。全てが一瞬にして崩れ去ってしまう。そのため、技術者を叱咤激励して、やる気を引き出す必要がある。

　この役割は、経営陣が担わなければならない。これこそ、まさに人づくりなのである。財務体質が改善すれば企業が良くなったように見えるが、あくまでも短期的なものだ。中長期的に会社を良くし、競争力を高めるには人づくりしかない。だから、経営者や役員は、人づくりのために時間の三〜四割を使う必要がある。今のホンダにそれができているか。ホンダを離れて六年以上たつが、気に掛かるところである。

　たくさんのおやじのスピーチが印象に残っているが、「ムダなやつは一人もいない」と関係する話をよく覚えている。こんな内容だ。

「うちはバイクとクルマを造っているが、人によって向き不向きがあるはず。この分野で全員が一〇〇%の能力を発揮できるわけじゃない。輝くダイヤになるやつもいるけど、石のままのやつもいるだろう。だけど俺にとっては石もダイヤも同じくらい大事なんだ。だからみんな、一生懸命ベストを尽くしてくれ。ところで、今日はあんまりダイヤがいないなぁ（笑）。でも大体な、おまえら。人にぶつけるときは石の方が便利なんだぞ」。そこで、みんながドッと沸いた。あ、おやじは心底そう思っているんだなと分かったからだ。

そして、みんなベストを尽くした。

「目的は利益だ」

最近は米国流の経営がすごい勢いで広まっていて、利益を第一に考える経営者が増えている。中には「我が社の目的は収益を上げること」と言い切る経営者もいる始末。果たしてそうだろうか。

ホンダは、利益を結果と考える。我々がすべきことは新しい価値を生み出し、それを顧客に提供して喜んでもらうこと。その結果、バイクやクルマが売れて収益を上げられるのである。では、利益第一と考えるのと利益は結果と考えるのでは何が違うのか。最大の違いは、利益第一にすると、顧客をだますという悪魔の誘惑にさらされることだ。

もちろん、利益第一と考えている企業の全てが顧客をだましているわけではない。そんな企業は多くないことも承知している。しかし、無視できるほど少数の例外でもない。業績が悪化して、当面回復が見込めないとき、悪魔がささやき始める。高級料亭による前の客の料理の使い回し、老舗の和菓子店による製造日の改ざん、食品メーカーによる産地・原料偽装などが相次いで発覚したのはわずか数年前のことだ。

顧客をだますことが経営者の直接の指示によるとは限らない。経営者が利益至上主義を打ち出すと、部下はトップの顔色を見るから会社全体が利益至上主義に染まっていく。そして、現場の判断でうそとは言えないまでも、都合の悪い情報にはわざと触れなかったり、責任や損失を取引先に押し付けたりと、さまざまなだましのテクニックが駆使されることになる。こうした情報は上には流れないので、経営者は自身の利益重視の経営が効を奏して経営改革が成功したと勘違いする。しかし、そんなことは長くは続かない。ある日、一気に付けが回ってくる。「目的は利益」と言っている経営者のおまえ、バカヤローだ。

5章 ワイガヤ①
――高貴な本性

ここでのポイント

◎ 本質に近づくための三日三晩の議論がワイガヤ。

◎ ワイガヤは熟慮を身に付けるための道場。

◎ 議論を尽くすと、人の心の奥にある高貴な本性が見えてくる。

【三日三晩話すと何かが起こる】

従来技術の延長ではなく、これまでに全くなかった新たな価値（絶対価値）を実現することがイノベーションだと書いてきた。これは、言葉にするのは簡単だが実際に成し遂げるのは途方もなく難しい。著者は、エアバッグの基礎研究から始めて製品開発を終え、一六年の歳月をかけて日本初の量産にたどり着いたので、その難しさを実際に体験している。

しかし、立ち止まっていては何も始まらない。前に進むために、4章で描いた「ホンダ流イノベーションの見取り図」の、イノベーションの加速装置に当たる「企業文化」と「仕掛け」の具体的な内容を見ていく。この加速装置は、イノベーションの成功を手繰り寄せるための確かな手掛かりとなるからだ。この章と次章のテーマは、「ワイガヤ」である。

熟慮を身に付ける道場

ワイガヤという言葉を聞いたことがあるだろうか。ホンダのワイガヤは、一般には「ワイワイ、ガヤガヤと活発に議論するブレーンストーミング」と理解されているが、実態はかなり異なる。通常の会議とは全く別物で、ホンダでは一般的な用語としてではなく、もっとシャープな意味を持った固有名詞として使われる。

まず、ワイガヤは社外でやる。基本は三日三晩の合宿だ。一週間の場合もあるが、一日四時間ぐらいしか寝ないから、三日三晩が限度だ。著者が所属していた安全部隊だと、一人が一年間に平均で四回くらいワイガヤに参加していた。一回三日間で四回行うと年間で一二日になる。年間の勤務日数は二四〇日程度なので、約五%を通常の業務から離れてワイガヤに充てていた。参加する人数は七~八人が多い。安全部隊は著者が入社した当時は数十人で、その後人数が大きく増えた。その中から七~八人が集まるので、いつも同じメンバーというわけではない。

ワイガヤのテーマは実にさまざまである。安全部隊は機能組織なので安全の価値や方向性が基本だが、新車開発のプロジェクトチームでは、クルマのコンセプトづくりが主要テーマとなる。

新米技術者向けの訓練編もあるし、部署間の交流もある。新車開発で安全がテーマになるワイガヤには、安全部隊から一人参加する。逆に安全部隊のワイガヤで材料が重要なときには、材料部隊に人を出してもらうといった具合だ。

テーマもさまざまだが、議論のフェーズもさまざまだ。新車のコンセプトづくりは、最初はごく漠然とした議論から始まって、コンセプトが固まるに従って具体的になっていく。一回のワイガヤでコンセプトが固まるわけはないので、何回もワイガヤを重ねる。

ワイガヤは、「コストと品質のバランスをどこで取るか」というような妥協・調整の場ではなく（これは通常の会議で検討する）、二つとも両立させるような新しい価値やコンセプトをつくり出すことを目指すものだ。このため、常に本質的な価値にまで立ち返って議論することになる。だから「ホンダは何のためにあるのか」とか、「自動車会社は社会にどんな貢献ができるか」という議論がよく出てくる。

若手技術者はそこまでさかのぼって議論することに慣れていないため、最初は議論に加われないことが多い。それでも、自分なりの考えを発言することが求められる。「あなたはどう思うのか」と、先輩から常に問われる。ワイガヤは「熟慮を身に付けるための道場」でもあるのだ。ワイガヤは二〇回参加してやっと白帯。議論をリードするリーダーである黒帯（参加四〇回）を目指せといわれる。

火薬の方が安全だ

ワイガヤは、技術開発の方向を決める場にもなる。エアバッグシステムの開発ではこんな例があった。現在の全てのエアバッグシステムは、エアバッグを膨らますのに火薬を使っている。* ところが、エアバッグシステムの開発時には、火薬を使うか高圧の窒素ガスを使うかという二つの選択肢があった。両者を使って相当実験を繰り返したが、結論にはなかなか至らなかった。どちらがエアバッグシステムの安全装置としての価値を高められるかを、ワイガヤを通じて考え抜いた。

高圧ガスは圧縮されているので、物理的に常に高いエネルギーを保持した状態にある。それが故障などで開放されれば重大な事態につながる。一方、火薬は火が付かない限りエネルギーは持っていない。これなら暴発に至る故障モードが少ないし、点検作業も安全にできる。ここは火薬が有利だ。ところが火薬は銃などの武器に使われている。それを安全装置に使ってもいいのか、という基本的な疑念があった。加えて、作動時に爆発するという仕組みでは、消費者が不安を感じるかもしれない。

こんな議論の最中に、「エアバッグ用の火薬を集めて武器が作られる可能性はないか」という意見も出てきた。そんなことになったら大変なので、火薬を使う場合は取り出せない構造にしなければならないという点で一致した。こういった本質的な議論の際には、その時点のコストを前提としてはならない。コストは後から削減できる場合がほとんどだからだ。実際にエアバッグシステムは、コスト削減が急速に進み、今では国内向けクルマでは標準装備になっている。

そのワイガヤでは、最大の価値である安全という点において、火薬の方が優れているという結論に、最終的には至った。武器に使われているということは、暴発などの危険を確実に制御できているということを意味する。故障しにくいのだ。エアバッグのような安全装置は、万一の衝突のときに絶対故障しないことが最大の価値である。こう考えるに至って、エアバッグの膨張には自信を持って火薬を使うことにした。

ワイガヤに細かなデータを持ち寄って議論することはない。基本的な実験結果などは頭の中に入っている。ワイガヤでは細部に立ち入った話をするよりも、いかにして技術の本質に迫るかが重要だからだ。中には勘違いして、「二週間前にテーマを教えてくれないと困ります。そうじゃないと資料を用意できません」という人もいるが、それはワイガヤの意味を理解していない証拠だ。一週間や二週間で集めた資料が本質を議論する際に役立つわけがない。それよりも実際の体験を通じて身に付けた知識や、その人の価値観／人生観の方がはるかに重要になる。本質的な議論とはそういうものだ。

三日三晩で見えてくるもの

ワイガヤは、分かりやすく言えば、日常業務から隔離された自由な議論の場ということになる。だが、数え切れないほど場数を踏んだ著者が実感するのは、それが有効に機能するにはいくつかの前提が満たされていなければならないということだ。そして、ワイガヤの前提はホンダの哲学、および加速装置を構成する他の要素と密接に関係している（図5-1）。

例えば、自由に議論するためには、ホンダの企業風土である「学歴無用のフラットな組織」が不可欠となる。ワイガヤでは役職や年齢、性別は関係ない。役員でも入社一年目の新米技術者でも平等だ。そして「異端者、変人、異能の人」が集えば、議論の幅が大きく広がり、ユニークな論点が出やすくなる。

もちろん、こうした企業風土は、ホンダの哲学である「人間の尊重（自律、平等、信頼）」と不可分のものだ。また、ワイガヤは自由な議論を通じて本質を追究するので、コンセプトを明確にしたりA00を決めたりするための具体的なプロセスにもなっている。こうした点を考えると、ワイガヤは単なる議論の場にはとどまらず、ホンダの哲学とDNAを染み込ませるために欠くことのできない機会にもなっているのだ。

では、実際のワイガヤはどんな雰囲気なのだろうか。何しろ三日三晩、同じテーマを延々と議論し続けるのである。そんな機会は、普通は滅多にないはずだ。当然だが、一日目はみんな元気だ。自分の意見を主張し、みんなの説得にかかる。しかし、そう簡単に

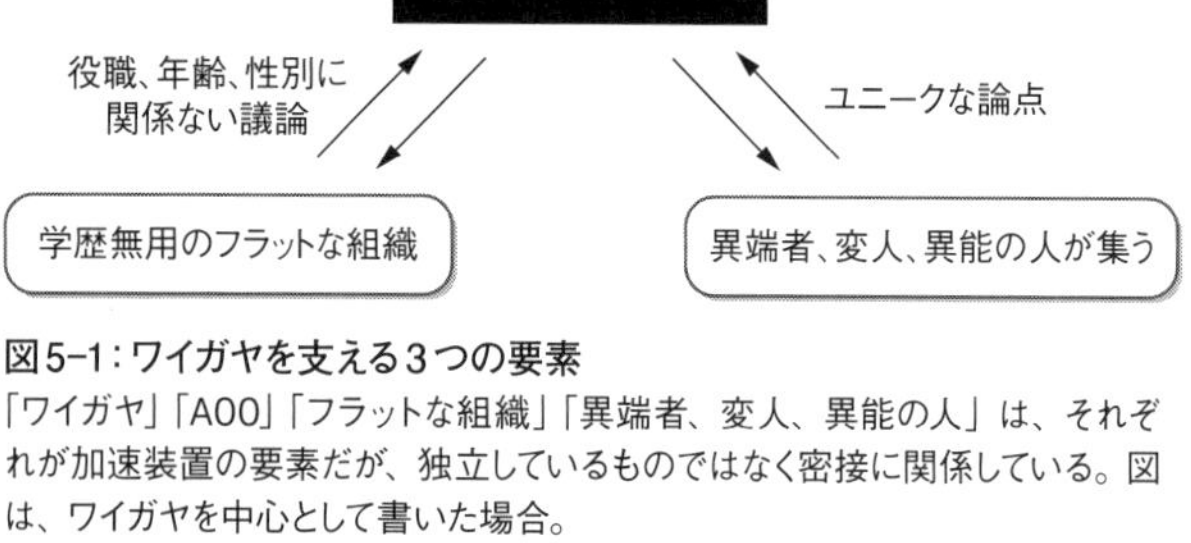

図5-1：ワイガヤを支える3つの要素
「ワイガヤ」「A00」「フラットな組織」「異端者、変人、異能の人」は、それぞれが加速装置の要素だが、独立しているものではなく密接に関係している。図は、ワイガヤを中心として書いた場合。

説得されないから議論は白熱する。まず、それぞれが言いたいことを言わなければワイガヤは始まらない。

二日目になると人の意見を理解しようとし始める。理解した上で自分の主張を深めていく。大体この頃には、ワイガヤで初めて一緒になった人の人柄も分かってくる。

そして、三日目に入ると論理的な意見が出尽くして、みんな疲れてくる。そんなときに「それをホンダがやる意義は何か」なんて、議論をスタート地点に戻すような意見を言う人がいたりする。みんな「また、そこから始めるのか」という感じでドッと疲れる。しかし、これは重要で、同じ「意義」であっても、初めのころの意義と三日目の意義ではレベルが違っており、議論は確実に深まっている。こうした行きつ戻りつを繰り返しながら、議論は論理の枠を超え、創造的な領域に入っていくのだ。

不思議なものでここまで来ると、自分をよく見せようとか、地位や名誉、富や権力を求める心がすっかり消えて、「他人や社会のために自分やホンダは何ができるか」という気持ちに全員がなってくる。数え切れないほどワイガヤに参加したが、それはいつも同じ。人間の本性は高貴なものだとつくづく感じる。誰もが高貴な心を持っている。これを確信して共有することが、実はワイガヤのもう一つの大きな効用かもしれない。

＊　正確には推進薬に分類される。ただ、爆発的に膨張するので、普通の人の感覚では火薬と同じだった。そのため、本書では火薬と表記する。

6章 ワイガヤ②——心の座標軸

ここでのポイント

◎ 何が価値なのかを考える習慣を身に付ける。

◎ 愛について、一度は真剣に考えてみる。

◎ 何が価値なのかを考えることは、結局は人間を研究することである。

愛について、何を知っている

著者は、講演や授業などで「五秒で答えてください」と断ってから、必ず聞くことが三つある。

(1) あなたの会社（組織）の存在意義は

(2) 愛とは何か

(3) あなたの人生の目的は何か

これがワイガヤの基本である。自分の会社や組織の存在意義くらい、自分の言葉で語れるようにしなければ話は始まらない。ところが、会社や組織の存在意義を語れる人は、実は全くといっていいほどいない。そもそも今の会社は、そんなことは求めていない。成果主義（多くの場合、どれだけもうけたかが成果だ）の名の下に社員には「ミッション」が課せられ、そのミッションをいかに効率的に処理したかによって評価される。会社の存在意義などを持ち出そうものなら、

「余計なことを言うな」と上司からにらまれるのがオチだ。会社や組織の存在意義といった本質や根本を考える価値観は根こそぎ刈り取られてしまっている。

これは、一般社員だけではなく課長や部長も同様である。それどころか、社長をはじめとする経営陣までも会社の存在意義を考えていない。このため、会社は哲学をなくし、根無し草のように利益を求めて漂流することになる。しかし、そんな会社が利益を上げられるだろうか。基本に立ち返り、自分の会社の存在意義、つまりどんな新しい価値をお客様に提供して喜んでもらうかをしっかり考えるべきである。

ワイガヤは、常にここからスタートする。ホンダでは、どんなテーマでワイガヤをするときにも、必ずホンダの存在意義まで立ち返って考えるのである。

愛とは何か

二番目の質問は「愛とは何か」である。これは、著者が入社してすぐ、二回目のワイガヤで実際にテーマとなったものだ。当時の本田技術研究所の幹部が突然、大まじめに「愛とは何か」と我々新米技術者に聞いてきた。それでワイガヤのお題になった。読者の皆さんは、「クルマの開発と愛に何の関係があるのか」と思うだろう。著者もそう思った。しかも若い男ばかりが七〜八人、顔を突き合わせて語る状況は、とてもロマンチックとはいえない。

このワイガヤには説明が必要だろう。5章で、新米技術者向けの訓練編があることに触れた。愛についてのワイガヤは、訓練編の典型である。そのワイガヤには本田技術研究所の安全部隊から十数人の技術者が参加し、そのほぼ半数がワイガヤ初心者の新米だった。そのため、著者を含めた若手と指南役の先輩技術者が本隊から離れ、初日は別室で愛について議論したのだ。[*1]

一日といっても、男だけで愛について語るには長い。最初はたわいない冗談や、何でこんなことをやるのかといった不満などを話す。そして、愛とは「家族を大切にする心」とか「人を思いやること」という意見が出てくる。言っている本人も「そんなんじゃダメだ」と、よく分かっている。どこかで聞いた内容、つまり借り物の言葉だからだ。そのうちに、よく見聞きする愛という言葉について、自分たちは何も分かっていないことに気付く。

ワイガヤでは多くの場合、その内容を研究所の幹部に報告しなければならない。新車開発時のコンセプトづくりなど、逆に報告をまとめるためにワイガヤを行うこともある。すぐに結論が出るようなテーマではないので結論は必ずしも必要ないが、その場合は議論の内容を報告することが求められる。

最悪は、報告を終えたときに「それで？」と言われることだ。これは、報告内容が熟慮されておらず、議論も深まっていないと判断され、「さらに先の話を聞かせてくれ」ということを意味する。もちろん、報告すべき内容は全て話し、その先はないので、「君たちはその程度か」と言われているような気になる。報告者としては相当つらい。愛について話しながら、そんな事態も考えてしまう。

そんなとき、誰かがスッとつぶやいた。「クルマは愛車っていうよな。でも、愛冷蔵庫とはいわない」

その瞬間、小さな何かがみんなの心に引っ掛かった。

「おい、ハードウエアには、前に〝愛〟が付く物と付かない物があるんじゃないか」

「クルマ以外にも、ギターやカメラは愛機っていうね。これって技術の分野やレベルの高さとは関係ない。愛犬、愛妻、愛唱歌ともいうから、想いの深さと関係している」。こうして、一気に議論が加速し始めた。

そして最終的に我々は、次のような共通認識にたどり着いた。冷蔵庫の開発で重視すべきは機能／品質／性能といった定量化できるものだが、クルマはそれだけではない。定量化できない、お客様の心を揺さぶるような極めて情緒的な価値が必要になるのだ。それによってクルマは愛車になる。「だから、冷蔵庫と同じようにクルマを開発してはダメだ」。

愛は、クルマの開発になくてはならないものだったのである（**図6-1**）。

研究所の幹部には、そうした議論の内容を報告した。すると、「ファ、ファ、ファ。やっとここまで来たか」と言い残して、その場を立ち去ってしまった。この雰囲気はなかなか伝わりにくいかもしれないが、それは最大級の褒め言葉だった。

冷蔵庫の開発技術者には別の視点もあるだろうが、この認識は、若かった我々にとって、その後にさまざ

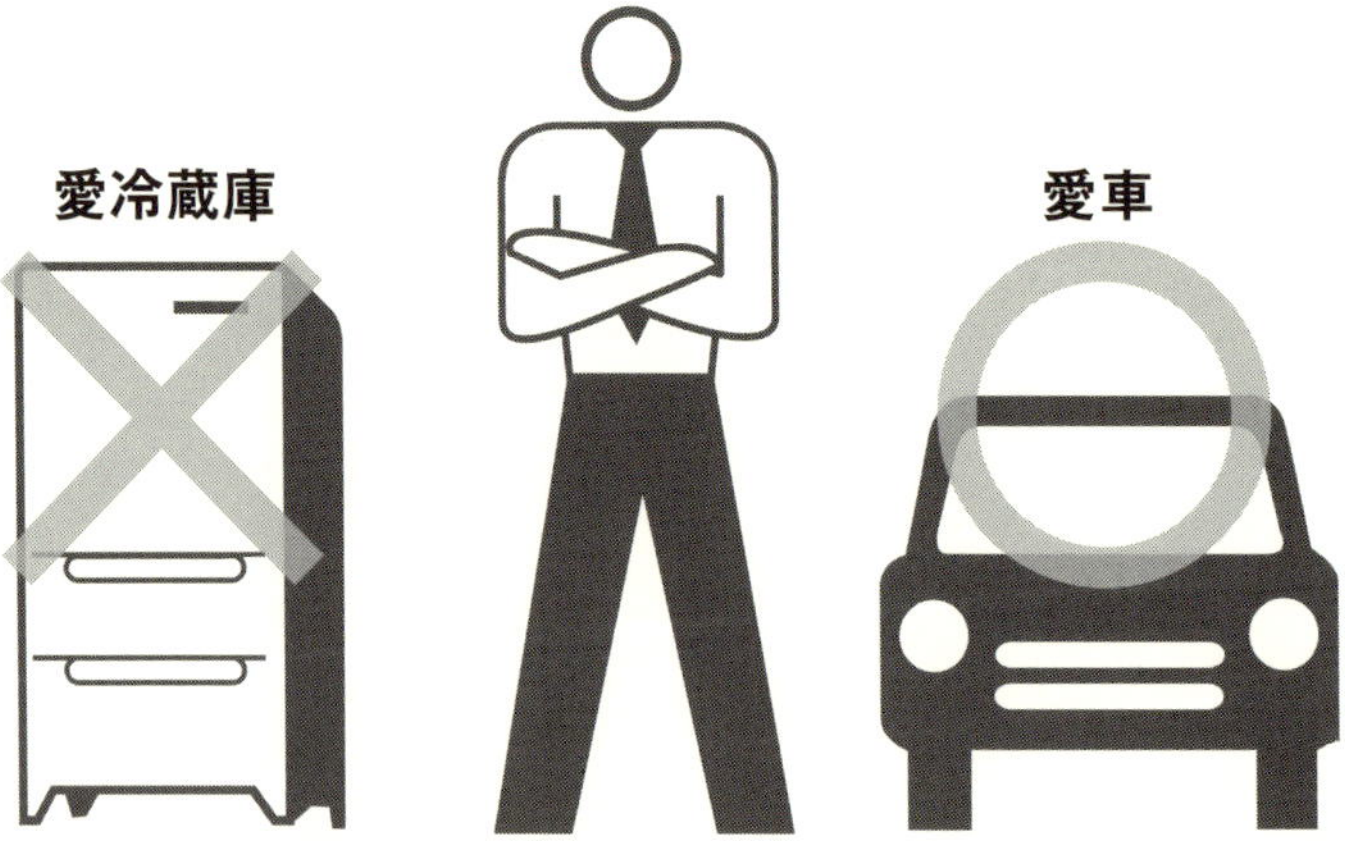

図6-1：クルマは「愛」が付くハードウエア

まな技術開発に取り組む際の座標軸になった。技術開発は、多くの実験を通じて膨大な定量データを扱う。ややもすると、その数字を良くすることだけを考えるようになる。そこで立ち止まって考えるのだ。クルマには定量化できない愛のような価値が必要なのだ、と。

特にイノベーションは、愛と共通する。二つとも論理を超えている点だ。人は、ほれた理由を論理的に説明できないし、イノベーションも論理を超えないと、未知の領域に到達できない。普通に考えれば、愛について何時間も語るワイガヤは全くの無駄、ひいき目に見ても非効率の極みに思える。しかし、このワイガヤは私が技術者としてキャリアを積んでいく上で大きな財産になった。その効果は計り知れない。

おやじは、「本田技術研究所は技術の研究をする所ではない。人間の研究をする所だ」と語っているが、その真意がなかなか理解されていない。実際は、とても単純で文字通りの意味である。研究所の技術者が第一にすべきことは、お客様の心を研究し、お客様が求める将来価値を見つけることだ。それが分かったら、手段である技術を使って、その将来価値を実現すればよい。だから、技術ではなく「人間の研究をする所」なのである。

そして、人間の研究をする以上、技術者は自律した人格を備えていなければならない。これが三番目の質問をする理由だ。自分が生きる目的、つまりは最も重視する価値について考えていない人間に、お客様の将来価値が分かるわけがない。

何が価値かを常に考える

三つの質問には共通点がある。「基本的な価値」に対する問い掛けである点だ。これまで一〇社近くでワイガヤのサワリを指導したことがあるが、いつも三つの質問を出発点として価値論をテーマにしてきた。

取っ掛かりである三つの質問に対しては、冒頭に説明したようにほとんどの参加者が答えることができない。もちろん、三日三晩のワイガヤを一回やったからといって、価値の本質を究められるものでもない。ただ、出発点にはなる。参加者の感想で印象に残っているのは、「今まで全く使っていなかった脳の部分を使ったような気がする」というものだ。一回使うことを覚えれば、あとは使い続ければよい。

こうした価値論は、グループで三日三晩にわたって議論することが望ましいが、皆さん一人ひとりでも取り組める。(1)の会社の存在理由について考えたら、次に皆さんが担当している仕事の目標を考えてみるとよい。何が本質的な目標なのかをとことん考えるのだ。三代目のホンダ社長の久米（是志）さんは、常々こう話していた。「あることをすべきか、すべきでないかを決めるときには、二つのことを考える。『お客様の喜びにつながるか』と『現場の社員の元気につながるか』だ」。これは大きな指針になるだろう。

話題の場所に出掛ける

もう一つ、価値に対するセンスを磨くのに有効な方法がある。話題になっている場所にとにかく出掛けてみることだ。ワイガヤの指導の際にも、東京・秋葉原のメイド喫茶や新宿の歌舞伎町に出掛けた。話題になるということは、そこに新しい価値が生まれているのである。

これは、ホンダの経営企画部長だったころの経験を生かしたものだ。外国から来たお客さんに日本らしい場所を紹介するため、東京・巣鴨の地蔵通商店街を訪ねた。二〇〇二年春のことだ。地蔵通商店街は当時、「おばあちゃんの原宿」として注目され始めていた。何が価値だろうかと考えながら歩いていると、ふと気付いたことがある。通りまで出ている店員の数が多く、しょっちゅう話し掛けられるのだ（図6-2）。

近くにいたおばあちゃんに、「お孫さん元気?」と店員から突然声が掛かった。知り合いには見えない。なのに、そのおばあちゃんは、何ともうれしそうな顔をした。これかもしれない。下町風のコミュニケーションが、商店街の大きな価値になっているのだ。

　これは、クルマにも生かせる。例えば、カー・ナビゲーション・システム。情報を伝えるだけではなくコミュニケーションとして特徴を持たせることが、新たな価値になるかもしれない。実際、その後にコミュニケーションを工夫したカーナビが、ホンダからではないが商品化された。こうした発見は、価値に対する感度を高めておけば一人でもできる。

　ワイガヤは、一般的な意味では効率的なものではない。しかし、お客様の将来価値に対するセンスを磨くことがで

図6-2：東京・巣鴨の「地蔵通商店街」の価値は何か

左は「おばあちゃんの原宿」といわれる地蔵通商店街で、右は東京・新宿の歌舞伎町。歩いている人の年齢層も服装も丸っきり違う。

きるのである。常にルーティンワークに追われているようでは、新しい発想は出てこない。

＊1　本隊は、安全に関するテーマを別に議論している。ただし、訓練編のワイガヤは一日だけで、二日目からは本隊に合流して、安全に関する議論に参加するという段取りだ。

バカヤローな人たち

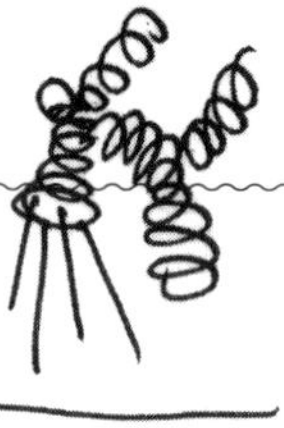

決断しない役員

英語で役員のことを「director」というように、方向（direction）を決めることは役員の最も重要な仕事の一つである（もう一つの重要な仕事は、4章で指摘した人材育成だ）。データがなくて分析もままならず、どちらの方向に向かえばよいか分からないときに、自分の価値観や哲学で「こっちに行け！」と、決断しなければならない。

1986年秋に、ホンダの東京・青山本社でエアバッグの量産の可否を決める会議があった。俺はプロジェクト・リーダーとして参加した。十数人の経営会議メンバーのうち1/3は反対。暴発や不発などの重大な不具合を恐れてのことだ。そのリスクを負うのは時期尚早という論理だった。残りの2/3は消極的反対。賛成とは決して言わない。さすがに「これはダメだ。お蔵入りか」と思った。

ところが、当時社長だった久米是志さんが、会議メンバーをぐるりと見渡しながら「エアバッグの高信頼技術は、お客様の価値である品質の向上につながる。よし、やろう。皆さんよろしいですね。」と言った。この一言でエアバッグの量産が決まった。イノベーションは全く新しいことなので、データを論理的に分析しても答えが出ない部分が必ずある。だから、最後は論理を超えて決断しなければならない。しかし、それを避ける役員が多い。「ライバル他社の動向は？」「もう少しデータを集めて、可能性を見極めてくれ」「案は三つくらい必要だ」と、判断を先延ばしする。中には、リスクの高いプロジェクトに対して「大丈夫か」を連発して、心配しているかのように見える役員がいる。しかし、これは失敗した場合に「最初から私は難しいと思っていた」という言い訳をするためであることが多い。逃げ腰の態度は現場にすぐ伝わる。決断しない役員のおまえ、バカヤローだ。

7章 三現主義

ここでのポイント

◎ 三現とは「現場」「現物」「現実」のこと。

◎ 創造は机上の空論ではできない。現場・現物・現実に立ち返って足元を固める。

◎ 三現主義は理想と現実を結び付け、本質を浮かび上がらせる。

【まずは現場・現物・現実と心得よ】

技術開発において、まぐれを期待してはならない。「そんなことは当たり前」と皆さんは言うかもしれないが、まぐれ頼みになっているケースが相当ある。ノーベル賞クラスの大発見が偶然や手違いで達成されたという話を聞くことがあるが、それはまぐれのように見えても決してまぐれではない。たとえ最後の一押しが偶然であったとしても、そこに至るまでには卓越した研究コンセプトがあり、さらに絶え間ない努力と入念な準備によって支えられていることがほとんどである。

特にイノベーションでコンセプトが重要になることは、これまで述べてきた通りだ。ここでいうコンセプトとは、「お客様の価値感に基づき、ユニークな視点で捉えたモノ事の本質」のことである（**12章参照**）。

新車開発でもコンセプトは最も重要だが、未踏の領域に踏み込むイノベーションではそれにも増して重要となる。コンセプトがしっかり固まっていないと、すべきことを取捨選択する基準があいまいになり、優先順位も決められない。その結果、すべきことが広大な技術領域にわたって際限なく増えていき、開発リソースが分散してしまう。これが、冒頭で指摘したまぐれ頼みの状態だ。ところが実際の技術開発では、まぐれ当たりは決して起こらない。

コンセプトが固まると在りたい姿が明確になり、A00（本質的な目標）も決まってくる。漠然としているイノベーションの枠組みを、一歩分だけ具体化できる。この一歩を踏み誤ると、後で大変なことになるので、最初のコンセプトがとても大切になるわけだ。コンセプトを明確にする場として、三日三晩かけて議論する「ワイガヤ」が大きく貢献することを紹介した。今回のテーマである「三現主義」は、ワイガヤとは全く異なるフェーズからコンセプトを明確にすることに役立つ、強力な仕掛けなのである。

おやじはジッと目を凝らした

三現主義は、おやじがホンダを起業して以来ずっと言い続けてきたことだ。三現とは「現場」

「現物」「現実」を表す。一般には「現場で現物を見て現実を知り、現実的な対応をする」ことと説明されるが、ホンダの三現主義には、さらに「本質」という隠れたキーワードが埋め込まれている。つまり、「現場・現物・現実を知ることで、本質をつかむ」ことがホンダの三現主義だと著者は考えている。

さらに言えば、本質をとらえるためには、あれこれ考えたり議論したりする前に、まず現場・現物・現実を知らなければならないという、揺るぎない信念がホンダの三現主義には込められている。そして、三現主義は現実に軸足を置くので、机上の空論に対する戒めともなる。

おやじは、この三現主義を常に実践してきた。現場に足を運び、現物をジッと見つめたり手に取ったりして、よく考え込んだ。初代「アコード」(一九七六年発売)の試作では、こんなことがあった。

アコードは、当時の主力車種「シビック」よりも車体が一回り大きいクルマで、ホンダの新しいフラッグシップ・モデルとして開発を進めていた。開発チームが、最初の試作車をおやじに披露した時のことだ。おやじは、遠目から眺めたり、細部を細かく確認したり、装備類を実際に操作したりと、それこそ熱心に試作車を見ていたという。そして、ラジオのスイッチを入れたときだった。アンテナがスルスルと伸び始めるや、おやじの顔色が変わった。

今ではアンテナを見せないのが基本だが、当時はラジオのスイッチに連動してアンテナが出てくるという仕掛けは未来的なイメージがあり、開発チームはかっこよさを演出する小道具として考案した。だがおやじは、「アンテナが子供の目を突いたらどうするんだ」と、すごい勢いで開発チームを叱りつけた（**図7-1**）。著者は、この試作車披露の場に居合わせたわけではないが、こうした話は研究所中に一瞬で伝わる。このエピソードにはホンダの三現主義のエッセンスが凝縮されていると考えている。

まず、これは新車開発プロセスの中でのことである。一般に三現主義というと生産現場の改善に主眼を置くことが多いが、ホンダの場合は生産現場だけではなく、開発や研究、営業や調

図7-1：アンテナが動いて子供の目に当たることも

達など全ての事業活動の現場が対象になる。

次に、試作車披露の場は、直接の現場ではないことだ。これは、開発の現場で積み上げた成果を紹介する場である。つまり、現場・現物・現実の三つが全てそろっていなくてもいいのである。対象が事柄である場合だと現物はない。例えば、お客様の実際の運転方法を研究の対象にするときなどである。この場合は、現物ではなく現状を見ることが重要になる。

三現主義は、主義という名前が付いているが教条的なものではなく、柔軟で機動的なものである。このため、主義というよりも、選択に悩んだり高い壁に突き当たったりしたときに、よって立つ行動指針だと考えると分かりやすい。迷ったら「現場・現物・現実」にまで立ち返って考えるのである。すると、必ず新たな展望が見えてくる。

本質は現実と理想の間に

ここまで三現主義を掘り下げて説明してきたが、それはホンダの三現主義に埋め込まれている「本質」という隠れたキーワードを理解するためである。「現場・現物・現実を知ることで、本質をつかむ」ことがホンダの三現主義だと説明したが、では本質とは何だろうか。我々が考える本質とは、コンセプトを構成する要素で、既存の技術の枠組みや古い価値観／常識、制度や規制にとらわれず、そうした既成概念をはぎ取っていった先にあるものだ。

甚だ抽象的な説明で恐縮だが、別の視点から説明すると、こうなる。本質とは現実と理想の間にあるものだ、と。3章の「本質的な目標」の中で「新エンジンの開発における『小型軽量な上、低燃費で高出力』」という目標は全くダメだと指摘したが、それは現実を無視しているからだ。そんなエンジンができれば確かに理想的だが、現実的ではない。つまり、現場・現物・現実を無視しているのだ。

本質は現実に根差している。しかし、現実をそのまま受け入れたのでは、何も変わらない。理想と現実という二つの異なった視座を行き来しながら、「何を変えるか。本当にそれを変えることができるか」を問い続け、本質を追い求めていくのがイノベーションにおける三現主義なのである（**図7-2**）。では、技術開発の方向を決める際、三現主義が決定的な役割を果たしたケースを見ていこう。

時速八〇㎞で衝突しても安全

衝突安全において、理想のクルマとはどんなものだろうか。米運輸省は四〇年も前の一九七〇年にESV（Experimental Safety Vehicle、実験用安全車）プログラムを発表し、これに世界中の自動車メーカーが参加した。それは、時速八〇㎞（時速五〇マイル）で壁に激突しても、乗員に重篤な致傷を起こさないクルマが目標だった。そのために具体的に必要なスペック、例えば乗車スペースの変形量や乗員に加わる最大加速

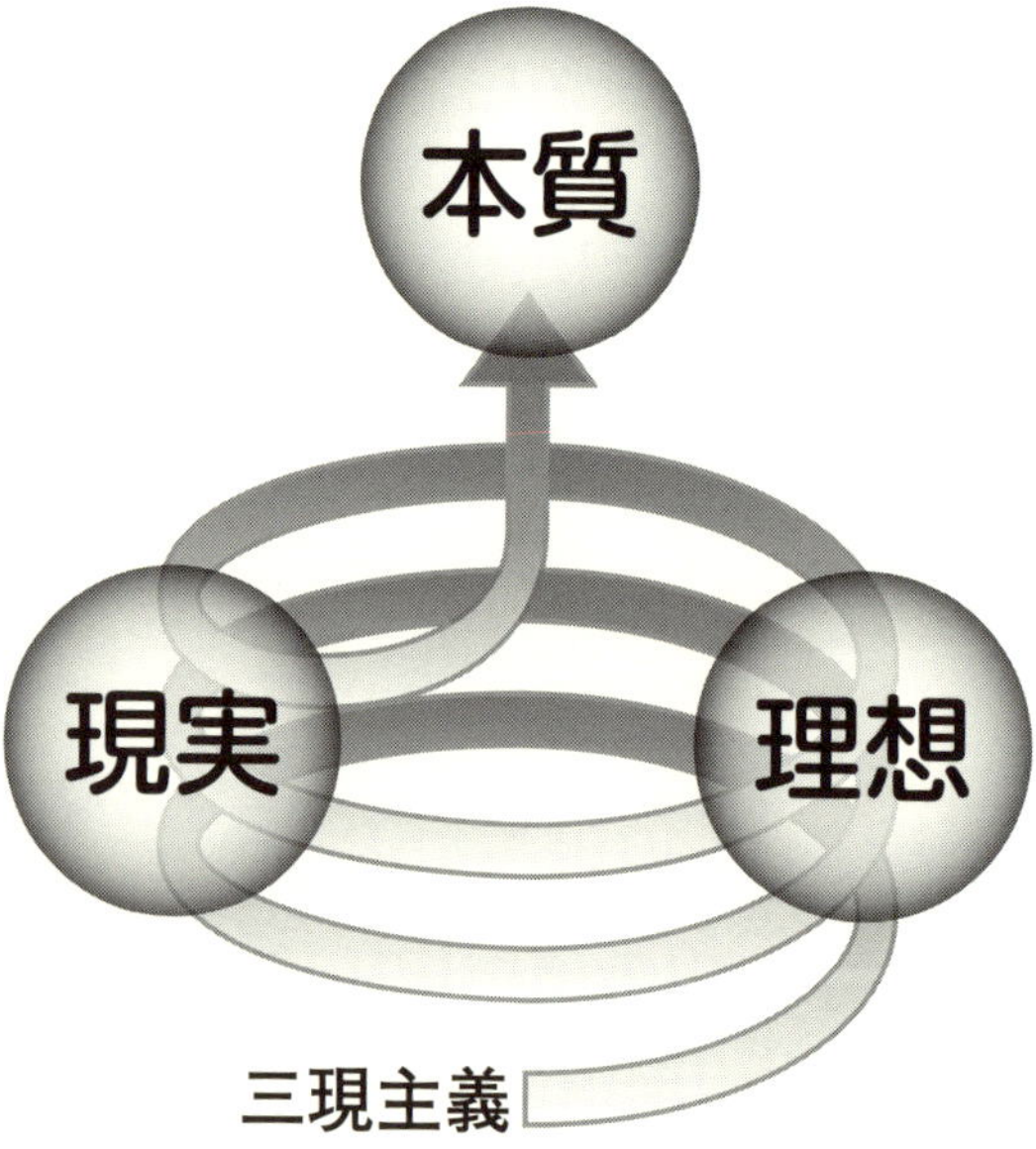

図7-2：理想と現実を結び付けて本質をとらえる

度などを定めていた。

壁は堅いので、壁に対しての時速八〇kmでの衝突は、実際のクルマ同士だと互いに時速八〇km、相対速度で時速一六〇kmの正面衝突に相当する。これは現在の技術レベルでも非常に高い目標だ。だが、不可能ではない。

ホンダもESVプログラムに参加し、本田技術研究所で安全を担当する部隊が中心になって小型車をベースにESVを製作した。著者もこれに参加した。ところが、である。こうして一〇年以上かけて造ったESVは、重量が二・五トンになってしまったのである。現行の「レジェンド」が一・八トン強だから、二・五トンでは、もはや小型車とは言えない。我々は「戦車」と呼んだ。

ここで考え込んでしまった。そして、ワイガヤを開いて議論した。二・五トンもあるクルマは、安全のための要素技術の開発としては意味があるが、実用的なクルマとして成り立つだろうか。二・五トンのクルマが普通に走っている交通体系はどうなるだろうか。確かに、そのクルマに乗っている人の安全性は高まる。しかし、軽自動車と衝突したら大変だ。軽自動車側は壊滅的に損壊するだろう。ブレーキの利きも悪くなる。さらに、燃料の消費量や排出ガス量も増えてしまう。価格も大幅に上がる。

このワイガヤは徹頭徹尾、三現主義に基づいたものだった。そして、得られた結論は、時速八〇㎞で壁に衝突しても大丈夫なクルマは現実的ではない、というものだった。さまざまなクルマが走っている交通体系全体の安全性を高めるクルマは、時速八〇㎞で壁に衝突しても大丈夫なクルマではない。極限まで安全性を高めたクルマが開発されても多くの副作用がある上、価格が高くて普及しなければ実質的な効用は得られない。つまり、どこかでバランスを取る必要がある。どこでバランスを取るかということこそが本質なのだ。

ホンダは小型車を多く販売しているメーカーだから、「小型車に乗る人が安全面で不利にならないようにする。つまり、二・五トンのクルマを造るのではなく、小型車のメリットを維持しながら安全性を最大限高める」というコンセプトにたどり着いた。

そのコンセプトを実現するためには、エアバッグやＡＢＳ（アンチロック・ブレーキ・システム）などの安全デバイスの開発が重要になる。もちろん、ボディ自体の衝突安全性も向上させていくが、小型車のメリットを生かせるように、重量増は最小限に抑えなければならない。

クルマの安全性向上に向けた世界の技術開発トレンドは、このコンセプトと完全に一致した。

そして、ホンダによる国内初のエアバッグの量産につながっていくのである。

理想に固執してはならない

実は、時速八〇kmで衝突しても大丈夫なクルマですら、衝突安全における理想のクルマとはいえない。理想という以上、さらに高速で衝突しても、死傷者はゼロでなければならないからだ。

ESVに向けて技術開発を進めていた一九八〇年当時、交通事故による日本の死亡者は九〇〇〇人弱だった。これが現実。一方、理想はゼロ。理想と現実の間に大きなギャップがあった（図7-3）。

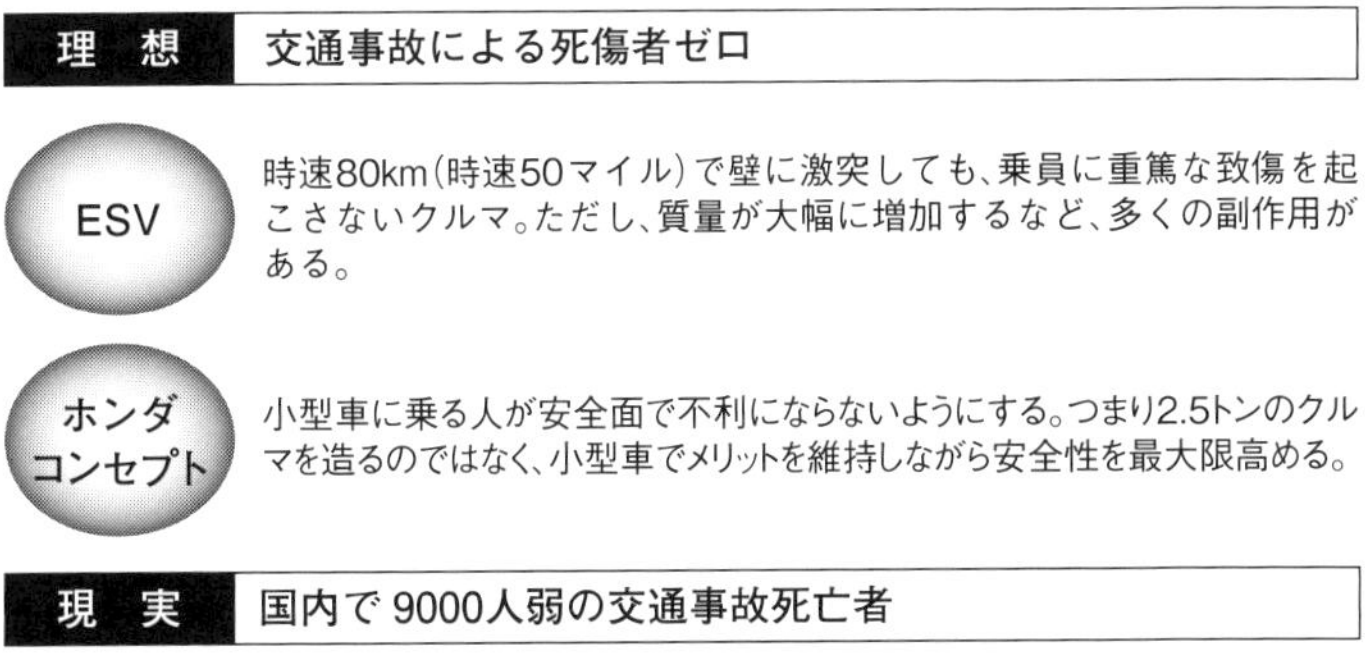

理　想	交通事故による死傷者ゼロ
ESV	時速80km（時速50マイル）で壁に激突しても、乗員に重篤な致傷を起こさないクルマ。ただし、質量が大幅に増加するなど、多くの副作用がある。
ホンダ コンセプト	小型車に乗る人が安全面で不利にならないようにする。つまり2.5トンのクルマを造るのではなく、小型車でメリットを維持しながら安全性を最大限高める。
現　実	国内で9000人弱の交通事故死亡者

図7-3：本質は理想と現実の間にある

安全コンセプトを議論していた1980年当時の交通事故死亡者（事故後24時間以内の死亡者）は8760人だった（警察庁調べ、以下同）。ところが2009年に、1952年以来57年ぶりに4000人台の4914人になった。それ以降は4000人台が続き、2011年には4612人になっている。運転者の安全意識の向上や道路交通体系の整備に加え、エアバッグやABSなどの安全装備も大きく貢献している。

理想を重視する立場からすると、「今すぐにゼロにしろ」ということになる。実際にそう主張する人もいた。しかしこれは現実的には不可能だ。死傷事故をゼロにするには、自動車をなくすしかない。

評論家は別にして、技術開発を実際に担う者は、理想に固執してはならない。理想と机上の空論は隣り合わせだからだ。安全分野でどんなイノベーションを実現しても、一足飛びに死傷事故ゼロを実現できるわけではない。確かに死傷事故ゼロは、目標とすべき理想だ。これは言うまでもないことだが、現実を踏まえながら一歩ずつ前進するのが当事者たる技術者の使命なのである。

理想と現実という視点から考えると、時速八〇㎞で衝突しても大丈夫なクルマも、ホンダのコンセプトも、両者の間にあるといえるだろう。時速八〇㎞で衝突しても大丈夫なクルマは理想側に、ホンダのコンセプトは現実側に寄っている。それを実現するにはイノベーションが不可欠であることも、この二つに共通している。

しかし、この二つでは、技術開発の内容が大きく違ってくる。理想と現実の間には広大な〝スペース〟があり、さまざまな選択が可能だ。だから、具体的な技術開発プロジェクトでは、どこを狙うのかがとても重要になる。そして、これを決めるのはとても難しい。その上、現実も理想も、技術の進歩や社会の発展によって常に変化していく。こうした中でコンセプトを考える際、確固たる視座を与えてくれるのが三現主義なのだ。

最近は、安全や環境が技術開発のテーマとして挙がることが多いだろう。特にこの二つは、コンセプトを決めるのが難しい。理想と現実に、建前という要素が色濃く加わるからだ。現場・現物・現実に立脚した三現主義は、建前を廃すという点でも、強力な後押しをしてくれるはずだ。

8章 現実的とは

ここでのポイント

◎新しい価値は、新しければ新しいほどお客様の評価を事前に知ることは難しい。

◎イノベーションには覚悟が必要である。

◎絶対価値を実現した技術は必ず主流になる。

【エアバッグで子供を殺すな】

殺す――。強烈な言葉である。しかも、相手は子供。本来、人の命を守るべき安全装置のエアバッグがその凶器だ。この、「エアバッグが子供を殺す」という可能性は実際にあった。助手席エアバッグにおいて、である。

助手席エアバッグの開発は技術開発の本質を考える上で、また、これまで説明してきたホンダの哲学や絶対価値、三現主義を肌感覚として実感してもらう上で非常に参考になる。何しろ、子供の命が懸かっているのだ。そのため、この内容は微妙な問題を含むが、技術開発の本質の、さらにその中核部分を余すことなく含んでいるので詳しく紹介する。その準備として、エアバッグ普及前後の状況の説明から始めたい。

どこに設置するか

我々が開発した日本初のエアバッグは一九八七年に、運転席に限定する形で「レジェンド」（日本と北米国向け）に搭載された。その後、我々のシステムおよび個別部品の設計思想は、高い信頼性と量産によるコスト削減の潜在能力の高さからデファクト・スタンダード（事実上の標準）になっていったが、ホンダがエアバッグを実用化する前にも、海外メーカーが市販車に搭載した例が少数あった。その中には、運転席向けと助手席向けに二つのエアバッグを搭載したクルマもあった。

我々は当然ながら助手席エアバッグの開発も進めていたが、いつ搭載するかは決まっていなかった。ところが、当初オプション装備だった運転席エアバッグが、高い価格にもかかわらず圧倒的な支持を受け、発売後一年で標準装備となると、一九九〇年秋に発売を予定していた二代目レジェンドに、助手席エアバッグがオプション装備として搭載されることが決まった。

それに向けた検討を一九八八年に行ったが、ここで大問題が持ち上がった。助手席エアバッグを組み込むインスツルメント・パネル（インパネ）[*1]の金型製作が既に進んでいたことに起因するものだ。発注済みのインパネの金型は、助手席エアバッグの搭載を考慮していなかったために大幅な変更が必要で、莫大な費用が掛かってしまうのだ。

実は、若干の手直しでそのインパネに助手席エアバッグを搭載する方法があるにはあった。インパネの助手席側に付いている小物入れ（グローブボックス）のスペースを活用するのである【図8-1】。

そもそも助手席エアバッグを設置できる場所は二カ所ある。一つは、今、説明した小物入れの位置に設置する「下部設置」方式。もう一つが、インパネの上面に設置する「トップダッシュ・マウント」方式である。当時（一九九〇年ごろ）の海外メーカーによる助手席エアバッグを搭載した市販車は、全てが下部設置方式だった。

しかし、下部設置方式には重大な欠点があることを我々は

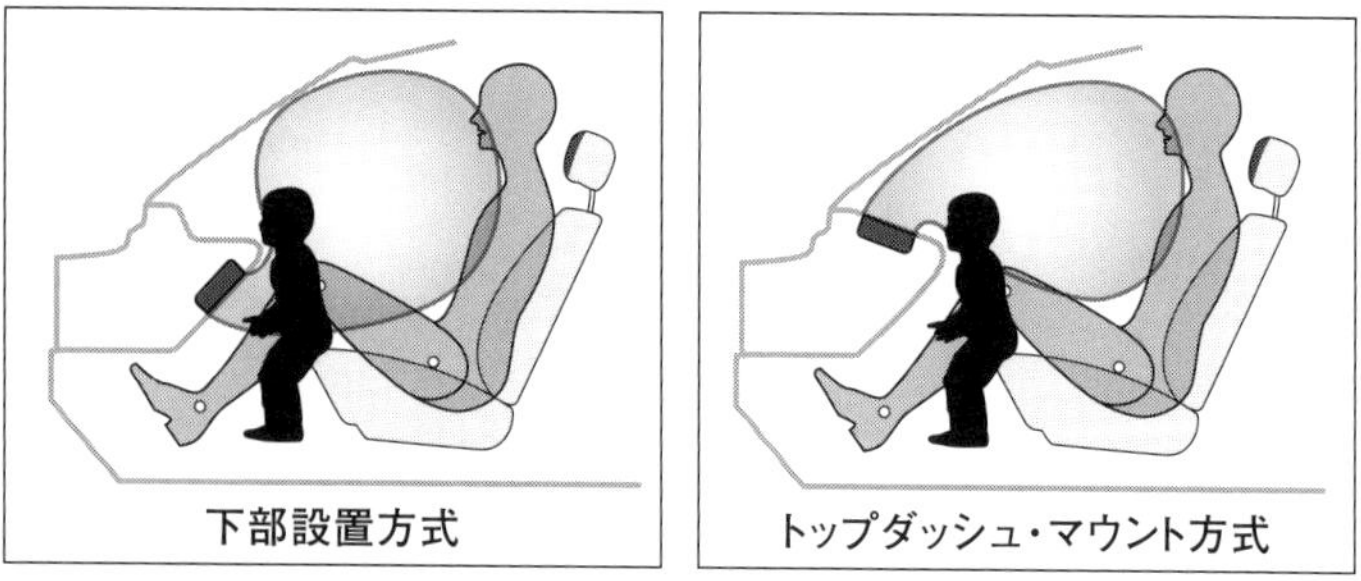

図8-1：助手席エアバッグの二つの設置方式
下部設置方式の場合は、子供が立っていると膨らむ際に子供を直撃する（左）。トップダッシュ・マウント方式だと、子供の頭を越えてから膨らむので直撃を避けられる（右）。

つかんでいた。エアバッグは、乗員が座席に座った状態で動作することを前提にしている。衝突の際、乗員はエアバッグによって座席に押し付けられた状態になるので、衝突時の加速度（衝撃）は座席などの車室とほぼ等しくなる。車室は加速度や変形が最も少なくなるように設計されているので、乗員の安全性も高まるというわけだ。

エアバッグが子供を直撃

最も危険なのは、衝突の衝撃で乗員が投げ出されるケースである。投げ出された後にハンドルやフロントガラスにぶつかると、衝撃が一気にかかって重篤な事態となる。そのため、投げ出されるのを防ぐシートベルトは大きな効果があるが、構造的に頭部やけい部を支えきれない。これに対し、エアバッグは体幹部に加えて、特に顔や頭、首を保護する効果が高いのである。むろん、これも乗員が座席に座っていることが前提だ。

ところが、である。幼稚園から小学校低学年ぐらいの特に男の子は、助手席に乗るとうれしくて立ち上がることがある。当時は今ほど安全に対する理解が進んでおらず、運転している親もあまり注意しなかったので、子供は床に立ってインパネにつかまり、前を見ているというケースがかなりあった。

すると、衝突の際に何が起こるか。我々の衝突実験では、下部設置方式の助手席エアバッグの場合、斜め下に向けて飛び出したエアバッグの先端が子供の重心を直撃し、子供を大きく跳ね飛ばした。後席にまで飛ばされた子供は車体と激しくぶつかり、とても耐え切れないほどの巨大な加速度にさらされる。これが「エアバッグが子供を殺す」プロセスである。

一方、エアバッグを設置していない場合はどうか。インパネの手前に立っている子供は、衝突時にインパネに密着する。この際に受ける加速度はインパネと同等なので、致命的な事態には至らない場合が多い。だから、エアバッグがなければ助かるのに、あると死んでしまうということが起こり得るのだ。これは、エアバッグ開発の直接の担当としては絶対に容認できない。

では、トップダッシュ・マウント方式ならどうか。同方式では、エアバッグをインパネの上部から斜め上方に伸びるように膨らますことができる。この場合、エアバッグは子供の頭とフロントガラスの間の空間を通り抜けてから左右上下に膨らむので、子供を跳ね飛ばすことはない。エアバッグが膨らむと、子供は後方で膨らんだエアバッグによって座席ではなくインパネに押し付けられる。つまり、エアバッグなしのときと同様に、致命的な事態には至らない可能性が高まる。

技術的合理性から判断すると議論の余地はない。トップダッシュ・マウント方式を採用すればよい。ところが、金型変更に必要な費用を見積もると、約四億円に上ることが分かったのである。今から二〇年前の四億円だから、莫大な金額だ。レジェンドの開発チームをはじめ、開発や営業担当の役員たちは、「そんな費用は認められない」とものすごい勢いで反対した。

新型レジェンドのプロジェクトは日本初の助手席エアバッグの実用化を目指したものだが、これは安全技術のイノベーションという視点から見た場合だ。ホンダ全社の位置付けでは、二代目レジェンドへのフルモデルチェンジが主眼である。当然、主役も新車開発チームだ。その彼らは、一円を削るためにぎりぎりの努力をしている。コストの折り合いが付かず、涙をのんで搭載をあきらめた技術だってある。降ってわいたような四億円のコスト増を、「はい、分かりました」とすんなり認めるわけがない。彼らに、助手席エアバッグが招かざる客と見えたとしても、何ら不思議はなかった。

ただ、誤解を招くといけないので強調しておきたいことがある。新車開発チームや役員の誰一人として、エアバッグで子供が死ぬという事態が「起きてもいい」とか「仕方がない」などとは思ってはいない、ということだ。これは技術者倫理からも当然である。

ホンダは哲学として「三つの喜び」と「人間尊重（自律、平等、信頼）」を掲げており、その根底には「世のため、人のために役立ちたい」という思想が流れている。ホンダの人間にはこの哲学と思想がDNAとして組み込まれているので、どこをどうひっくり返しても「エアバッグで人が死んでいい」という考えは出てこない（図8-2）。

1章で紹介した絶対価値を考えても同様である。エアバッグの絶対価値は、自動車事故による死傷者を減らすことだ。ある特殊な状況とはいえ、正反対に子供を殺す可能性のある装置が、その絶対価値を備えているといえるだろうか。当然、否である。詰まるところ、四億円掛けてトップダッシュ・マウント方式を採用することが果たして現実的なのかとい

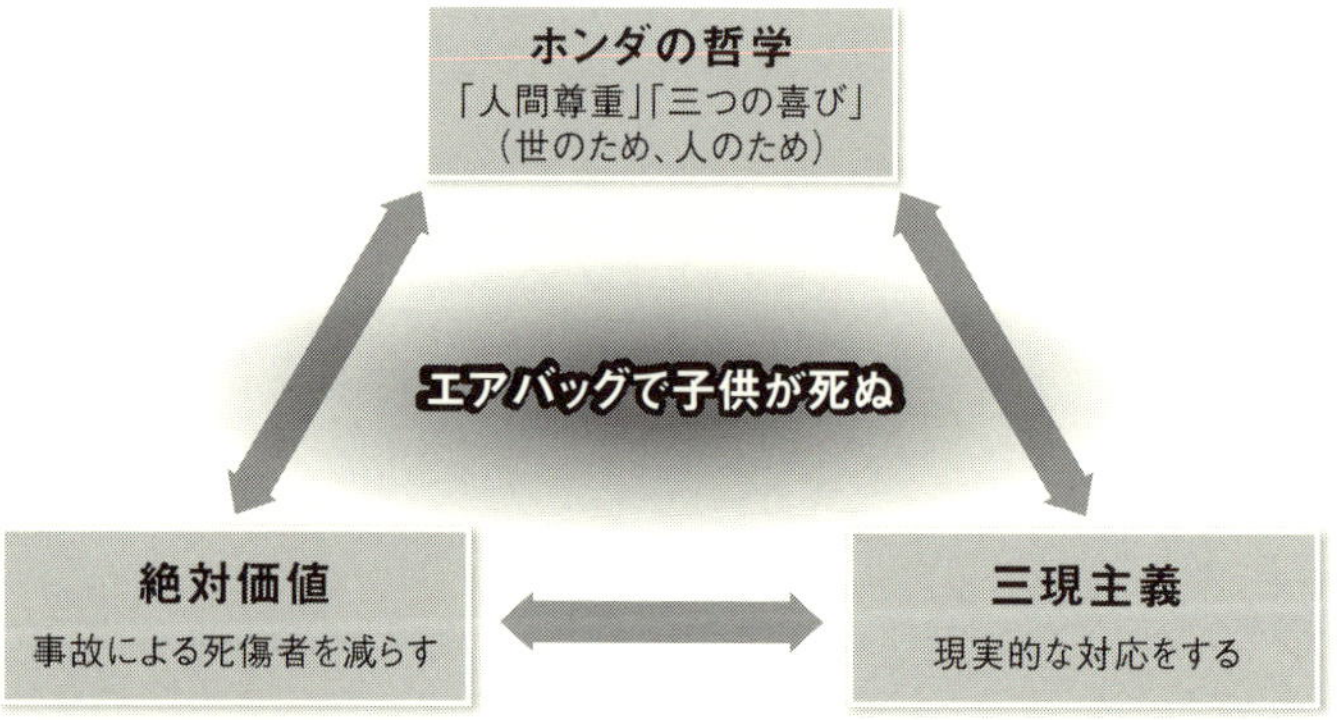

図8-2 :「ホンダの哲学」「絶対価値」「三現主義」がフル回転
助手席エアバッグに関しては、ホンダの哲学、絶対価値、三現主義をよりどころにして激しい議論が繰り返された。

う点に、問題は集約された。

現実的とは何か

前章で、三現主義について「現場で現物を見て現実を知り、現実的な対応をする」ことと説明した。さらに、「技術開発を実際に担う者は、理想に固執してはならない。理想と机上の空論は隣り合わせだからだ」とも書いた。では、四億円掛けて金型変更を行うことは現実的な対応と言えるか。机上の空論ではあるまいか。

ここで、当時のエアバッグ普及に対する雰囲気を伝えておきたい。今でこそ運転席／助手席エアバッグは装備するのが当たり前だが、当時はそこまで普及するとはほとんどの専門家が考えていなかった。新たな価値は、新しければ新しいほど、事前にどう評価されるかを知ることは難しい。過去の知識と経験で判断する専門家の意見は、特に当てにならない。

一九八七年に発売した運転席エアバッグは消費者から高く評価され、「エアバッグが付いているからレジェンドを買う」という状態で、レジェンドの売り上げも大きく伸びた。しかし、助手席エアバッグに対しては懐疑的な見方が多く、それなりに根拠もあった。①ハンドルがない助手席は、乗員前面のスペースが広いので、エアバッグがなくても運転席に比べて安全性が高い（図8-3）、②助手席に乗車していないことも多い、③両席にエアバッグを装備すると約一〇〇万円のコスト増になる、などだ。

助手席エアバッグを装備したレジェンドの販売台数は、年間で六〇〇台ぐらい（レジェンド全体の一％程度）という意見が強かった。金型は大体三年で償却するので、四億円のコスト増は一年に換算すると一億四〇〇〇万円くらいになる。それを六〇〇台で割り算すると、金型費用だけで一台当たり二

図8-3：運転席エアバッグと助手席エアバッグの違い
助手席にはハンドルがないので運転席に比べて前方のスペースが大きい。

〇万円強だ。こんな装備はあり得ない。

しかも、それまで海外で市販車に搭載された助手席エアバッグは、前述の通り、全てが下部設置方式だった。当面は助手席エアバッグの搭載車は少ないので金型変更が不要の下部設置方式とし、購入者に丁寧に説明した上で車内表示で注意するという考え方もある。そして、三年後の金型更新時にトップダッシュ・マウント方式に変更すればよい。金型更新時ならコスト増はゼロだからだ。

しかし、私は妥協する気は全くなかった。人殺しのデバイスを造るわけにはいかないと、不退転の覚悟だった。

著者は、この数年前に三現主義の行動指針である「まずは現場・現物・現実と心得よ」に従って、助手席側に立っている子供がどれくらいいるかを週末の高速道路のサービスエリアで調べたことがあった。確かに助手席に子供を乗せているケースは少ない。しかし、助手席に乗った子供の約九割が立っていた。いくらお客様に丁寧に説明しようが表示で注意喚起をしようが、最悪の事態を想定せざるを得ない。

ホンダ方式が世界標準に

その後は激烈な議論があった。レジェンドの開発チームには何度も怒鳴り込まれたし、こっちは突っぱねて怒鳴り返した。あまりに多くのことが起こったので、細かな経緯はよく覚えていない。だが、最終的には四億円を掛けて金型を変更することが決まった。そして一九九〇年一〇月、トップダッシュ・マウント方式の助手席エアバッグを搭載した二代目レジェンドが発売された。

これには後日談がある。二代目レジェンドの発売から一年二カ月後に開催されたデトロイト・モーターショーで、世界の自動車メーカー各社は安全装備の目玉として助手席エアバッグを公開したが、それらには、全てトップダッシュ・マウント方式が採用されていた。既に助手席エアバッグを実用化していた海外メーカーも下部設置方式をやめて、トップダッシュ・マウント方式に変更していた。我々がこだわった絶対価値は、世界から評価されたのである。

＊1 金型 プラスチック製のインパネは、溶かしたプラスチックを型に勢いよく流し込んで製造する。その際に使う金属製の型のこと。

9章 異質性と多様性

ここでのポイント

◎ 異質性と多様性がイノベーションを加速させる。

◎ その異質性と多様性は、自分勝手と対極にある。

◎「自分はこう考える」がイノベーションの出発点。

あなたは「どう思う」、そして「何がしたい」

異質で多様な人材が集まるとイノベーションが成功しやすくなる。よくいわれることだが、そんな人材が自由に動ける組織をつくることはとても難しい。「指示待ちではなく、自分の考えで仕事に取り組んでほしい」と話す上司は多いが、許容度を超えて異質で多様なアプローチを取ると、「なぜ指示通りにできない」と怒られてしまう。組織には暗黙のうちに、異質性や多様性に対して許される限界があるのだ。

ところが、イノベーションに求められる異質性や多様性は、その限界を大きく超える。ここでは、イノベーションにどんな異質性や多様性が必要なのかを考えてみたい。それには、ホンダがクルマに参入したばかりのころの本田技術研究所が、格好の題材になる。

魔境の地、技術研究所

著者は、早稲田大学理工学部を卒業後、米カリフォルニア大学バークレー校に留学し修士を取得した。専攻はもちろん自動車工学だ。そのころは、海外留学は珍しく、しかもバークレーは当時から西海岸の名門校だった。今思うと若気の至りだが、一九七一年に本田技術研究所に入社した際、著者は米国で最新の自動車技術と論理的・分析的な思考を身に付けたという自負があった。自分は頭がいいとも思っていた。ところがいざ出社してみると、バークレーとは全くの別の世界だった。

正直言うと、良い印象は全くなかった。言葉はがさつで、しょっちゅう怒鳴り合っているし、メシはぴちゃぴちゃ音を立てて喰《く》う。「食事を取る」なんて生易しいものではなく、まさに「メシを喰って」いた。話してみるとケチで強欲で自分勝手。いいと思ったことしかやらないし、したくないと思ったらテコでも動かない。米国では「Mr. Kobayashi」だったが、本田技術研究所では「よう、あんちゃん」である。服のセンスなんて言わずもがな。全てが洗練とか上品とかの正反対だった。

著者の出身校である早稲田大学は、在野精神とかバンカラとかといわれていて、確かにそうした気概が一部にあったが、本田技術研究所の人たちのアクの強さ、個性の強さはケタが違っていた。著者にとって本田技術研究所は異境、もっと言えば魔境だったのである。そこでは、米国で学んできた最新の技術も論理的思考も生かしようがなかった。すぐに辞めたくなった。

ところが、である。しばらく勤めていると、本田技術研究所に巣くう異端者たちの中にある種のすごみを感じるようになった。例えば、こんなときだ。安全シートの試作品を設計して試作課に持っていったら、板金加工担当のオジサンが「A00（本質的な目標）は何だ」と聞いてくる（A00については3章で紹介）。「はい。性能向上、重量低減、コスト削減です」と答えたら、「あんちゃん、それ全部違うなぁ。その三つで何をしたいかがA00だろ。おまえ、お客の安全を向上したいんじゃないの」。

ドアの強度試験に使う治具の設計ミスのときもそうだった。試作課から届いた治具は、必要な寸法の五倍。縮尺を間違えて設計してしまったためだ。上司に「すみません。寸法を間違えました。かなりの費用が無駄になったと思いますので、給料で少しずつ返します」と申し出た。ところが、音を立てながらメシを喰う、エリートとは程遠い見た目をしていたその上司は、「わざと間違えたのではないだろう。それなら謝る必要はない。誰にでもあることなんだ。先輩も経験している。二度同じ間違いはするなよ」とスッと言う。注意も小言も全くなかった。

本田技術研究所は、早稲田やバークレーとは全く異なる価値観と原理で物事が進んでいくのだ。上品とはいえない見た目とは裏腹に、とても高尚な気がした。本田技術研究所には異端者、変人、異能の人が集い、多彩な個性を競っていたのである。

魚のいる湖はどこか

当時の本田技術研究所の雰囲気は、ある意味でホンダ創成期の神話である。企業が成長するに従って、〝優秀な学生〟が多く入社し、〝スマートで上品な人たち〟が増えていった。ところがホンダには、異質性や多様性を伸ばすための独自の仕掛けがある。これは後述するが、その前にイノベーションになぜ異質性や多様性が必要なのかを整理しておこう。

2章で、イノベーション（創造）とオペレーション（執行）の違いを説明した。オペレーションとは「社員の給与計算」のような典型的な定型業務だけではなく、クルマのフルモデルチェンジなどもカバーする定常的な執行業務のことで、企業活動の九五％を占めている。例えていうと、オペレーションは「魚がいる湖を前にして、効率よく魚を釣る方法を見つけること」だ。目標が明確でピンポイントに絞り込まれているので、そこに全力を集中できる。武器となるのは分析と論理だ。

一方、イノベーションは「手掛かりがほとんどない中で、釣りたい魚のいる湖を探す」ことから始めなければならない。広大な領域をサーベイする必要があるので、とても分析しきれない。その際、「ここに湖がありそうだ」と当たりを付けるのに、異質性と多様性が不可欠なのだ。

哲学が異質と多様を支える

図9-1は、ホンダにおける異質性と多様性を模式的に示したものだ。階層化された平面は、「興味の対象」「価値観」「アプローチ法」「知識」といった具合に、個人の特徴を構成する項目を示している。平面上の矢印は、その項目における個人の志向を表す。

矢印の長さや方向のバラつきが大きいほど、異質な人が集まっていることを意味する。異質な人は得意な分野が異なるので、彼らが集まることによって、より遠くまで湖を探しに行ける。機動性がケタ違いに高まるのである。さらに首尾よく湖を見つけた場合にも、魚がいるかどうかを調べる際に多彩なアプローチが可能になる。

　ここまでは一般的な内容だが、ホンダには、さらに独特の特徴がある。**図9-1**の最も下の平面で示した哲学だ。

　異質性や多様性を重視するといっても、「何をやってもいい」わけではない。個人的な興味や学会論文を書くための研究だけをしていたら、企業は成り立たない。異質性や多様性は、自分勝手とは異なる。確かにホンダの人たちは、「興味の対象」や「価値観」などの項目が人によってバラバラの方向を向いている。しかし、哲学の階層、つまり「三つの喜び」と「人間尊重（自律、平等、信頼）」というホンダ独自の哲学の階層では、しっかりと一致している。

　哲学という強固な基盤があるため、逆にその他の階層では格段に自由度が高い。哲学から外れていなければ、愚かな失敗は起こらないからだ。哲学がしっかりしているから、ホンダは異

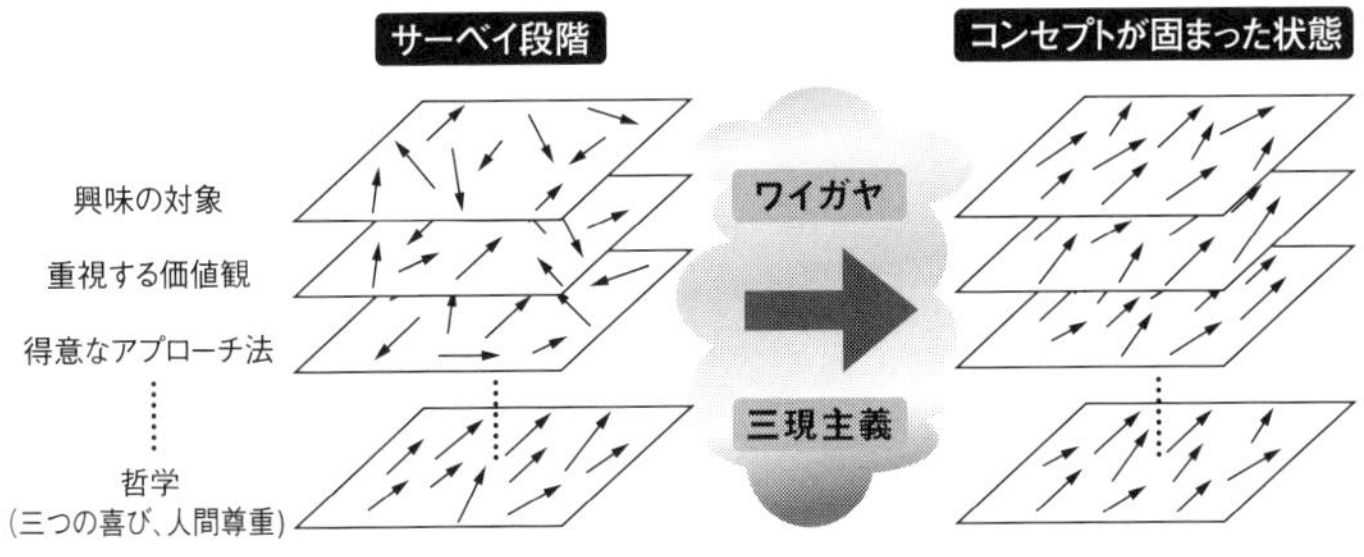

図9-1：ホンダにおける異質性と多様性のイメージ

質で多様な人材が自由に動ける土壌を用意でき、異質性と多様性を内包した組織がイノベーションという観点において、圧倒的な強さを発揮し得るのである。

当事者として考える

さらに詳細を見ていこう。イノベーション過程が、試行錯誤が必要なサーベイの段階から具体的な開発段階に入ると、チームとしての一体性が重要になってくる。チーム全員によって共有された開発コンセプトに基づき、一丸となって開発を進めなければならない。コンセプトで固まると、それに基づいてチーム全員の方向がそろうのである。皆さんはもうお気付きかもしれないが、ホンダの場合、このコンセプト作りの主役となるのが、「ワイガヤ」と「三現主義」だ。多層的でカバー範囲の広い異質性と多様性によってイノベーションの方向性を探索し、ワイガヤと三現主義でコンセプトに集約して、そこに開発リソースの全てを集中させる。これがホンダのやり方である。

最後に、前述した異質性や多様性を伸ばすための仕掛けを説明しよう。それはごく単純で、「あなたはどう思う」と繰り返し質問することだ。例えば、6章でワイガヤの基本として次の三つの質問を紹介した。

(1)あなたの会社（組織）の存在意義は

(2)愛とは何か

(3)あなたの人生の目的は何か

実は、この質問の中には「あなたはどう思う」が隠れている。何事も当事者として考えることが重要なのだ。これは、周囲の人からしつこく聞かれる方が効果的だが、自ら問い掛けても構わない。議論の最中や何かを決定／選択する際、「私はこう思う」を突き詰めていけば、「なぜそう思うのか」が見えてくる。すると「私は何がしたい」かが明確になってくる。それがあなたの個性であり、他の人との違いである。ホンダには異端者、変人、異能の人が集っていると言ったが、それは外見のことではない。魂から湧き出る「これをやりたい」という想いこそがイノベーションを加速させる異質性であり、多様性なのである。

10章 学歴無用

ここでのポイント

◎ 問題は与えられるものではなく、自分で見つけ出すものだ。

◎ イノベーションとは一つしかない正解を早く見つけることではない。

◎ あなたが受けてきた教育はイノベーションを阻む。

【答えのない問題を解く】

以前、経営学の先生と話していて「どこも同じだな」と思ったことがある。その先生は、「試験に穴埋め問題を出すと学生に評判がいいが、正解が一つに決まらない問題を出すと極めて評判が悪い」と嘆いていた。例えば、「ある物を造っている組織にリーダーがいない場合、組織の生産性を高めるには何をすればよいか」というような問題だ。

この問題は、かなり漠然としている。「何を造っているのか」「どんな組織（人の構成など）なのか」によってやり方が大きく変わるのに、そこが分からない。「問題として成立していない」と文句が付きそうだ。こうした問題では、自分で仮定や条件を設定し、これらを前提として、生産性を高めるための方法を提示しなければならない。つまり、問題自体を決めた上で答える必要がある。当然、答えは一つではない。

著者が「どこも同じ」と感じたのは、ある大学の工学部で同種の課題を出したことがあるからだ。その課題は、生産性の問題よりは多少親切で、自動車事故の発生状況や原因などを教えた後で、「まだ誰も考えたことのない、全く新しい安全方策を提案せよ」というものだった。学生の提案は、どこかに見たことがあるようなものばかりで、独創性のかけらさえなかった。

社会に出て分かること

著者は学生（大学院生も含む）を相手にイノベーションをテーマとした講義を行っているが、学生の評価は極端に分かれている。最近の大学は講義の修了後に学生に対して満足度調査のようなことを実施するので、自分の講義の〝評判〟を知ることができるのだ。

それによると、必ず一～二割の学生は「授業から得たものは何もない」と最低の評価をする。一方、四割が「目からうろこが落ちた」と最高の評価になる。これは、講師陣全体の中で特に低いわけではないが、高いわけでもない。

著者は大学に転じて間もないころ、多少複雑な思いでこの評判を見ながら気付いたことがある。高評価は社会人の大学院生に多く、低評価は働いたことがない学生に多いということだ。

これまで繰り返し指摘したように、イノベーションの本質は論理や分析を超えたものだ。答えがあるかどうかも分からない。しかも、愛や芸術と同じように「感じる」ことはできても論理的に「説明する」ことはできない。しかし、多くの（働いたことがない）学生は一つしかない正解に早くたどり着くためのノウハウを徹底的に鍛えられている。そんな彼らに「正解がない上、説明もできない」と言ってもなかなか通じない。一方、社会人は日ごろの業務の中で、論理だけでは会社は回らないことを知っている。だから、正解がなく説明もないまま、物事を進めなければならない状況が実感できるのである。

ドーナツを二人で

例えば「おやつを分ける」という、子供向けの算数の問題がある（図10-1）。母親が「ドーナツが四つあるから妹が帰ってきたら二人で食べなさい」と姉に言って出掛けた。ドーナツは一人当たり何個か？　論理で考えると、四個のドーナツを二人で分けるから四を二で割って、一人当たり二個になる。全てが明快で一点の曇りもないはずだ。

ところが、姉はお腹がすいていたので「妹が帰ってくる前に全部食べちゃえ」と思うかもしれない。そして、三個食べたところでちょっと妹がかわいそうになって一個を残し、帰ってきた妹と半分こして食べる。すると、答えは姉が三と二分の一、妹は二分の一。この答えは唯一の正解ではないが、間違いではない。

「これは算数の問題ではない」と、こちらも文句が来そうだが、算数の問題でなくなっても全く構わない。イノベーションに取り組む上では、むしろ算数の問題という枠を超えた方が望ましい。実際、ここでは新しく分数、つまり二分の一という概念が出てきた。こうした飛躍の方が重要なのである。

図10-1：おやつをどう分ける?

会社で働くと、ドーナツ（成果）を巡って切実な人間模様を目の当たりにする。ドーナツが得られたからといって貢献者が等しく評価されるわけでもない。四つのドーナツを独り占めして知らんぷりしている人や、独りで食べた後で自慢話をする人までも出てくる。学校の試験に出るような問題ならそんなことは考えなくてもいいし、考えると時間ばかりかかっていい点は取れない。学校でやる問題と仕事として取り組む問題は本質的に別物なのだ。

会社が必ずしも論理的に運営されていないこととイノベーションは直接関係ないが、相通ずる点がある。いずれも論理を超えることだ。このため、社会人の大学院生は著者の講義に共感してくれるのだと思う。

一方、「おやつを分ける」のとは正反対の問題がある。「食塩水の混合」だ。

五秒で解くテクニック

〝有名中学〟に合格するには、食塩水の混合問題を五秒で解かなければならないという。例えば、二％の食塩水一〇グラムと七％の食塩水一五グラムを混ぜると何％の食塩水になるか、という問題。果たして皆さんは五秒で解けるだろうか。

普通に考えると、二つの食塩水に含まれる食塩の総量を計算し、それを食塩水の総量で割って濃度を求める（**図10−2**）。ところが、これでは五秒以上かかってしまう。そこで五秒で解くテクニックの登場となる。食塩水は二％と七％なので、直線上に二から七の目盛りを付ける。左端が二％、右側が七％で一目盛りを一％とする。食塩水が全部二％なら左端の二％、全部七％なら右端の七％、半分ずつなら中央の四・五％、答えはこの直線上を量が多い方へ動くのだ。食塩水の量は七％の方が一五グラムと多いので、量の比一

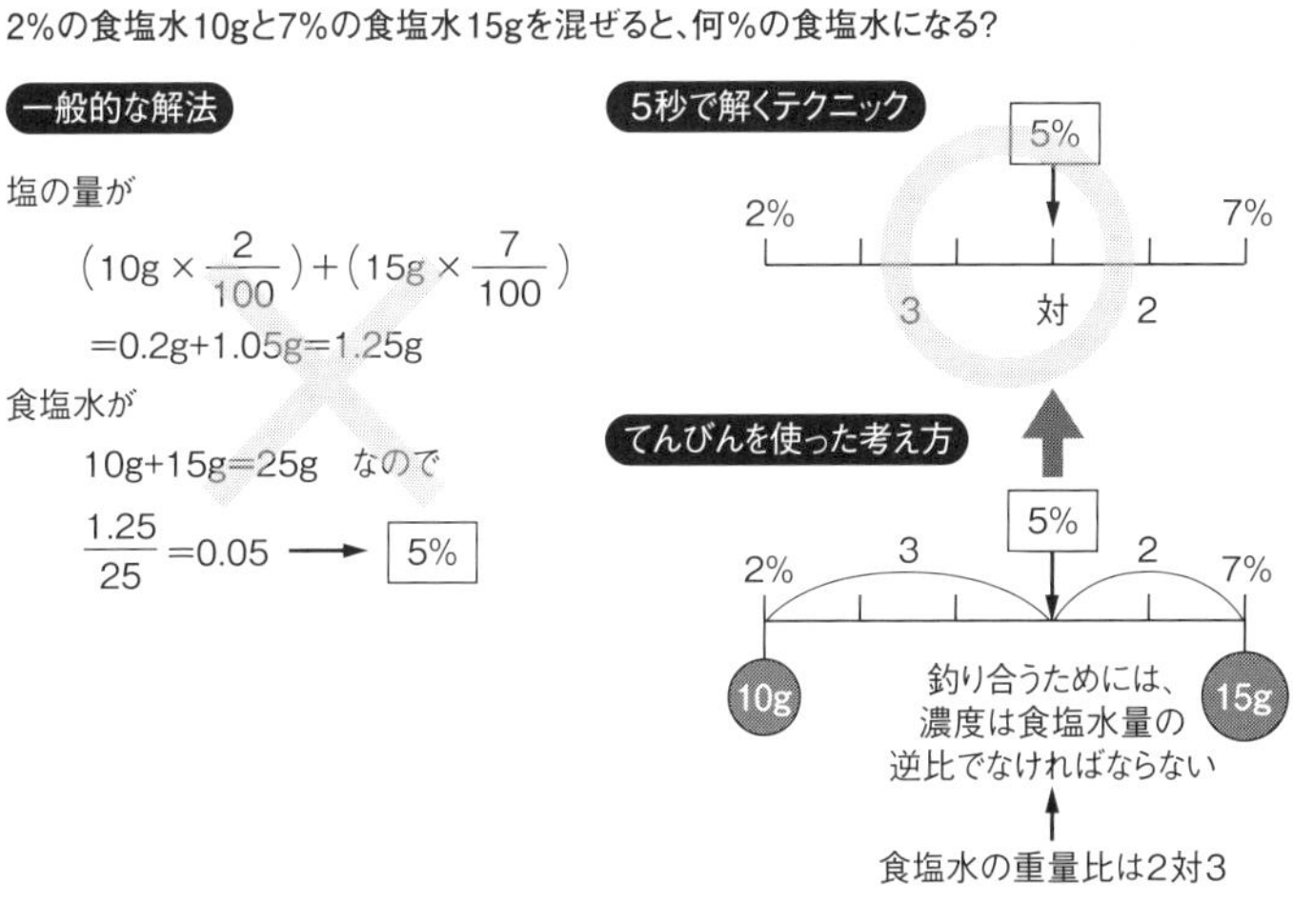

2%の食塩水10gと7%の食塩水15gを混ぜると、何%の食塩水になる?
一般的な解法
塩の量が
(10g × 2/100) + (15g × 7/100)
=0.2g+1.05g=1.25g
食塩水が
10g+15g=25g　なので
1.25/25 =0.05 → 5%
5秒で解くテクニック
5%
2%
7%
3
対
2
てんびんを使った考え方
5%
2%
3
2
7%
10g
15g
釣り合うためには、
濃度は食塩水量の
逆比でなければならない
食塩水の重量比は2対3

図10−2：食塩水の混合問題の3つの解法
5秒で解くテクニックは、もともとは同じ線形性を備えるてんびんに置き換えて考えたもの。混ざって濃度が安定した状態を、てんびんが釣り合った状態に見立てている。食塩水の量が2%は10g、7%は15gと2対3の比率なので、濃度はその逆の比率で7%側にずれる。そのため5%の濃度でてんびんは釣り合うことからこれが答えになる。

五グラム対一〇グラム、つまり三対二で七％に近い方に動く。よって答えは五％になる。

このテクニックの基になる考え方は、食塩水の混合の線形性を利用して、同じ線形性を備えるてんびんに置き換えるというものだ。食塩水の量を「重り」、濃度を「支点からの距離」と考え、混ざり合って安定した状態をてんびんが釣り合った状態に見立てている。

この置き換えは高度なものだ。食塩水の混合とてんびんでは何が共通しているのか（もちろん線形性が共通なのだが）というように興味が展開していけば素晴らしい。しかし、それは望み薄である。このテクニックの最大の目的は、問題を五秒で解くことだからだ。他のことはノイズでしかない。ドーナツを分ける問題で示した〝解答〟とは相いれない世界観である。

これは中学入試の例だが、大学入試も基本的には同じだ。短時間でいかに効率よく問題を処理できるかが問われるため、重視するのは記憶力と論理分析力となる。しかも、入試に合格して晴れて大学に入学したからといって、急に変われるものではない。だから課題そのものを見つけ出し、それを解決するにはどんなコンセプトで臨み、どんなアプローチを採るかというイノベーションで決定的に重要な考え方は、いつまでたっても鍛えられない。

もっとも、これには大学など学校側にも責任があると思う。例えば学期の試験のときに、穴埋めではなく正解が一つではない問題を出そうとしても、現実的には難しい。採点に時間がかかる上、その採点が客観的に正しいとはなかなか言い切れないからだ。大学は客観性や論理を優先する組織なので、そこから外れた講義や試験をすることは、特に生え抜きの教員には難しい（著者は客員なので構わずやっている）。その結果として、大学でも記憶力と論理分析力が重視されることになる。

イノベーションには、こうした記憶力と論理分析力に凝り固まった人材は不適である。正確にいうと、記憶力と論理分析力もある程度は必要だが、それだけではダメだ。たとえ何回失敗しても、長い時間がかかっても絶対価値の実現に挑戦し続ける人こそ、イノベーションに向いているのだ。しかし、今の日本の教育は、こうした人を排除する方向にある。だからこそ、学歴無用なのである。

一般に学歴社会とは、出身校によって有利／不利が決まることをいう。「東京大学に入れば偉くなれる」というわけ。だから、学歴無用は出身校という色メガネを外して、個人の実力を評価することが基本となる。ところが、その実力として、今のホンダも含めてほとんどの企業が記憶力と論理分析力を見ている。

だが、イノベーションにおける学歴無用は、記憶力と論理分析力とは別次元の能力を重視するものだ。出身校だけではなく記憶力と論理分析力という枠さえ壊すので、一般的な学歴無用よりもさらに懐が深い。

明治の尻尾

もちろん、記憶力と論理分析力を駆使して短時間で正解を探し出すことは、企業にとって欠くことのできない能力である。ただし、それはオペレーション（執行）においてだ。オペレーションでは失敗や遅れは許されない。競争に勝つためには、「早く安く」が絶対条件になる。ここでは短時間で正解を探し出す能力が大活躍する。オペレーションとイノベーションでは、全く異なった価値観／アプローチ法／評価基準が必要なことを思い出してほしい。

オペレーションは、もともと日本が得意な分野でもある。その実力を最も発揮しやすいのは先行者を追いかけるときで、日本は明治以降一貫して欧米に追い付くことが目標だった。手本となる欧米の製品を分析し、そこから少し進んだ製品を安く高品質で出してきた。だからオペレーションを担う人材は重視され、教育もその目標に沿うように整備された。今の教育は明治の尻尾をいまだに引きずっているのである。

ところが現在は状況が一変している。日本企業のものづくりは世界のトップグループに入り、中には一位に立つ分野も出てきた。しかし、これで安泰というわけではなく、気が付けば後から韓国や台湾、中国などのアジア諸国に加え、多くの新興国が迫ってくる。既に抜かれた分野もある。多くの日本企業は、この状況をオペレーションの強化で乗り切ろうとしている。

しかし、新しい価値を生む主役はイノベーションである。オペレーションの強化は常に必要だが、トップに立つ日本のものづくりはイノベーションによる新しい価値を創造することで世界の人たちに貢献しなければならない。それが結果として競争力強化にもつながるのだ。

では、イノベーション強化に企業は動いているのか。著者は強い危機感を持っている。例えばホンダ。ホンダはイノベーションに強いこだわりを持つ企業だが、オペレーションに傾いているのではないか。今のホンダにおやじ（創業者の本田宗一郎のこと）は入社できるだろうか。多分、入社試験を通らないだろう。その後の何代かの社長は合格するかもしれないが、出世は難しい。皆、相当な変わり者だからだ。ところが最近の社長は、優秀な成績で入社試験を通り、その後は必ず出世するような気がする。「ホンダが大企業になっただけ」といわれるかもしれない。

しかし、日本企業の大きな変化を象徴しているように思えてならない。

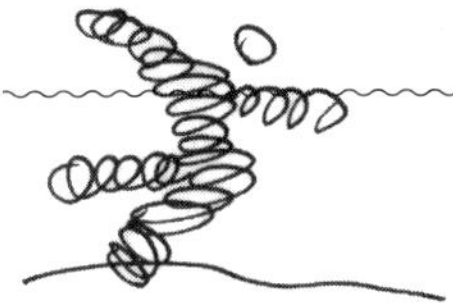

MBA 信奉者

短期的な利益を重視する米国流の経営が、リーマンショックを経てもいまだにもてはやされている。その総本山といえる MBA（経営学修士）の信奉者も増え続けている。MBA は、企業マネジメントを実践的に習得することを目的とした米国のビジネススクールを修了することで取得できる。実際には日本の経営者の中に取得者は少ないが、その価値観や行動様式は日本企業に強い影響を与えている。

ところが、その MBA 流はイノベーションには全く役に立たない。MBA 流はデータと効率を重視した科学的な経営手法だが、全く新しいことに挑むイノベーションではデータ自体がこの世に存在しないからだ。MBA 流が効果を発揮するのはオペレーションなのである。もっともオペレーションは企業活動の 95 %以上を占めるので、会社全体を考えれば確かに MBA 流は有用ではある。ところが、この手法を成功率が 1 割に満たない、“効率の悪い”イノベーションに適用すると、全てのプロジェクトが切り捨てられるのがオチだ。実際、両者の違いを理解している人がほとんどいないので、こうした切り捨てが至る所で起きている。

その際に典型的な質問が三つある。「収益性はどうか」「他社の動向は」そして「もっとデータを集めてくれ」だ。全く新しいことをやるときに収益性など分かるはずがないし、既に他社がやっていることはイノベーションではない。そして前述の通り、データはないのである。皆さんが取り組むイノベーションに対して、この三つの質問が出たときには注意した方がいい。打ち切りの危機が迫っているかもしれないからだ。MBA 流をイノベーションに押し付けるおまえ、バカヤローだ。

11章 ルールと、ホンダのしきたり

ここでのポイント

◎ ミニマムルールがイノベーション組織の鉄則。

◎ ホンダは、"しきたり"で若手の成長を促している。

◎ 状況は常に変化するので、それに合わせてルールは見直さなければならない。

ルールは最小限に、自律する組織をつくる

仕事にはルールが必要だが、少ないに越したことはない。皆さんは、この意見に同意してくれるだろう。「ルールだけではなく、各種手順（マニュアル）や他部門との調整業務なども少ない方がいい」と切実に思われているのではないだろうか。

技術開発の第一義の目的は、新しい価値を実現してお客様に喜んでもらうことだ。細かく定められたルールを守ることや、明らかに不要と思われる手順を、ただマニュアルに書かれているという理由だけでやらなければならないことは、技術開発という本業に伴う付帯業務、もっと言えば雑務と感じても無理はない。

著者はこうした状況に対して、ホンダでの経験から常々「ミニマムルール」を標榜している。ルールやマニュアル類は最低限に抑えるべきという主張だ。ここでは、ルールとイノベーション

について考えていく。ただ、ルールとは何かは非常に複雑な問題なのであまり厳密には考えず、ここではマニュアルなどの決め事を含めて広めに解釈する。

ミニマムルール

ルールが必要ということは、明らかである。例えば「クルマは左側通行」とか工場における「火気厳禁」などは絶対に必要なルールだ。しかし、最低限必要なルールはどこまでかを判断することはとても難しい。生産ラインと営業では違うし、同じ技術開発部門であっても、大所帯で動く商品開発と少数で担当する基礎研究で必要なルールは異なる。昨日必要だったルールが今日は不要になるということも十分あり得る。ただ、はっきりといえることは、ルールを決める人間には「念のために」という意識が強く働くため、ルールやマニュアル類は必要以上に増えていく傾向があることだ。

もともとイノベーションを目指す部門においてはルールの負の面の影響を特に受けやすい。その悪影響を排除するために、予算面や個別の開発計画などに関してはムダや不祥事を未然に防ぐための細かなルールは不要だと著者は考えている。* プロジェクトに着手するかどうかの判断には十分な議論が必要だが、やると決めた以上は現場の判断を尊重し、予算の執行に関しても柔軟に対応しなければならない。本田技術研究所では、費用の掛かる実験や設備導入の承認に必要なハンコの数はほとんどの場合、一個である。それで大きな判断ミスや不祥事は起きていない。今後、大きな問題が絶対に起きないとは言い切れないが、起きた場合は、そこで対応すればよいとさえ思う。それほど細かなルールとイノベーションは相容れないところがあるからだ。

途中の失敗は必然

ルールには、事務の効率化や生産性の向上という目的以外にも、「失敗」を防いだり「マネジメントの方針」を徹底したりするための、「罰則」を伴った「制約」という側面を備えている。ところが、イノベーションは未踏の領域への挑戦なので試行錯誤の連続となり、必ず失敗が起こる。むしろ失敗を多く経験することで、成功に近づけるのである。失敗を恐れたり責めたりすることは、イノベーションを阻害することに他ならないのだ。

さらに、イノベーションではマネジメントの方針を徹底することも難しい。商品開発などの具体的プロジェクトとは異なり、成功率が一〇%に満たず実施期間が一〇年以上にわたることも多いイノベーションは、適切な管理指標がなかなか設定できない。そのため、具体的で合理的なルールを決めること自体が困難となり、精緻なマネジメントができないのだ。

無理やり一般的な費用対効果の尺度に当てはめると、多くのプロジェクトが打ち切りという事態になりかねない。その際の典型的なパターンが、係長のような専務取締役の大活躍である。

取締役の最も重要な仕事は、「大きな方針の決定」と「人材育成」である。ところがそれには一切関知せず、費用対効果の尺度に基づくルールを振りかざして、細かい数字に対して説明やその根拠などを執拗に問い詰めてくる経営幹部がいる。特に大企業には多い。そんなことは、現場で数字を把握している係長に任せておけばよいのだ。著者は、そのような経営幹部を一般化して〝専務取締役係長〟と呼んでいる。

研究開発費の申請や配分などの予算管理は、最終的には取締役が判断するのがルールであることが多い。イノベーションの本質を理解していない専務取締役係長がその担当になると、次々とプロジェクトが打ち切られる。まず、専務に直接説明しなければならない事業部長や部長が専務の顔色をうかがい始め、それが課長やプロジェクトのリーダーに伝播し、現場の雰囲気が暗くなる。そして、イノベーションに挑戦しようという活力が失われていく。

専務は、研究開発のムダを取り除き、経費の大幅削減を達成したとご満悦だが、これは将来の成長の芽を摘んだだけである。収支は短期的には改善するが、将来への糧がないので先細りは必至だ。しかし、その影響が深刻になる数年後には、当の専務は引退して会社にいない。もちろん、その責任も取らない。これが本当に、よく見られるパターンなのである。

約二〇年にわたって、米ゼネラル・エレクトリック（GE）社のCEO（最高経営責任者）を務めたジャック・ウェルチは、各部門の秘書に週五〇〇米ドルまでなら自分の裁量で使っていいという、大らかな仕組みをつくった。当然ながらムダな買い物や公私混同が懸念されるが、そこは秘書を信頼したわけだ。結果、何の問題も起きなかった。そればかりではなく、秘書は信頼を肌で感じてモラルが大きく高まったという。著者は、ウェルチの多くの経営手法に対しては賛同していないが、このやり方はさすがだと思う。人間誰しも厳しく管理されるより信頼された方がやる気を出すのである。そして、仕事はルール通りに「やらされる」より、自分の意思で「やる」方が成果を生みやすい。

ホンダのしきたり

もちろん、やる気に任せるといっても野放図ではいけない。ホンダの場合、ルールによる管理とは全く別の次元からムダや独り善がりを排する企業文化や仕掛けがある。それは、これまで紹介してきた「ワイガヤ」や「三元主義」、「A00」などだが、それ以外に大きな役割を担っているものがある。〝しきたり〟と呼ばれるものだ。例えば、経営陣の前で発表したり、報告したりする場合は、チームの中で一番の若手が話すというしきたりがある。1章で、入社二年目の著者が当時の久米是志専務（後の三代目社長）に「将来のホンダの安全戦略」を報告し、激怒されたエピソードを紹介した。将来の安全戦略という大きなテーマにもかかわらず、先輩を差し置いて新米の著者が報告に立ったのは、このしきたりがあったためだ。

経営陣を前にしてプレゼンテーションをすることは、若手にとって相当なプレッシャーである。しかし一方で、担当しているプロジェクトを自分のこととして深く考える機会にもなる。チームの全員が、プロジェクトを成功させようと自律的に行動すれば、自然とムダや独り善がりを排除できるものなのだ。

9章で、ホンダの人間は、「あなたはどう思う?」としつこく問い掛けると書いた。これにも深く関係するしきたりがある。それは、アドバイスを求める際に、「自分はこう理解しているのですが、実験結果と合いません。別の見方があるのでしょうか」というように、まず自分の考えを言わなければならないということだ。自分の考えを言わないと「あなたはどう思う?」と逆に聞かれてしまう。自分の意見がない人間と話してもしょうがないという雰囲気で、安易な質問は許されないのだ。

このしきたりにも、自分の問題としてプロジェクトを考えることを促す効果がある。

こうしたしきたりは(しきたりと呼ぶくらいなので、ある種のルールといえなくもないが)、いわゆるルールと比べて、人の自発的で自律的な心に直接働き掛け、それを揺り動かすことができるのである。イノベーションにおいてはしゃくし定規のルールによる管理よりも、こうしたアプローチの方が効果的だ。組織に課せられるルールは、組織のありようを典型的に示す。「廊下を走るな」なら小学校レベルだ。イノベーションを担う組織に対しては、その組織の特徴に合わせたルールが必要になるのである。

＊　安全や法令順守、身近なところでは事務作業の効率化や生産性向上に関するルールはもちろん必要である。

見直されないルール

ルールには本来の目的があるはずだ。例えば工場の「火気厳禁」は安全の確保、「標準工程」は生産性向上を目的としている。ところが不思議なもので、ルールがいったんできるとそれを守ることが目的にすり替わりやすい。

特に、ルールに基づいた管理を実施する場合がそうだ。管理者は部下にルールを守らせることが主要な仕事の一つになるので、ルールが守られているか否かに目を光らせる。もちろん、それ自体は悪いことではない。さらに、ルールには思考を停止させる側面がある。「ルールなので、理由のいかんにかかわらず、とにかく守らなければならない」と。これもルールが適切に決められているときは、確かに正しい。

ところが、状況は刻々と変化する。昨日までは合理的であったルールが、新技術の登場や仕事の進め方の変更などで無意味になることがある。ルールを変更するには、煩雑な手続きが必要なことが多いので、改定されないまま放置される場合がかなり出てくる。特に忙しいときには放置されやすい。

すると、何が起こるか。不合理なために守られないルールが増えていき、ルール全体が軽視されるようになる。その軽視が絶対守らなければならないルールにまで及ぶようになると、重大な事故を招くことになる。多くの場合、新しいルールを作ることには熱心だが、今あるルールの廃止や修正は後回しにされやすい。見直さなければならないルールを放置しているおまえ、バカヤローだ。

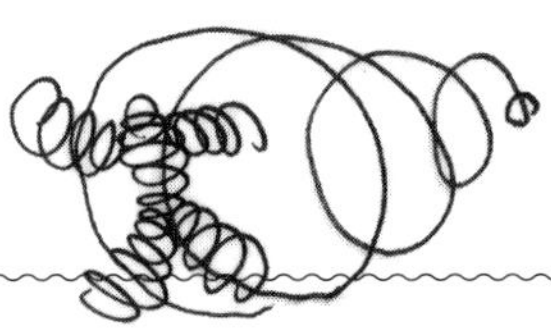

12章 コンセプトと本質①——五代目シビック

ここでのポイント

◎ 商品や技術の開発で最も重要なのは、コンセプトを明確にすることである。

◎ コンセプトとは、「お客様の価値観に基づきユニークな視点で捉えたモノ事の本質」のこと。

◎ 面白いかどうかは、コンセプトの良しあしを見分ける指標になる。

【サンバで、クルマをつくる】

ここから15章までは、新しい価値を実現していく上でホンダのイノベーションや新車開発において中核の役割を担っているコンセプトについて紹介していく。コンセプトの定義はこの章の後半で詳述するが、哲学を基盤とし、ホンダの企業文化や仕掛けを糧としながら、新しい価値の実現を強力にけん引するものである。その役割はイノベーションだけに限らず、商品開発や生産革新においても同じ。いわば、価値づくりの主柱を成すものだ。

本物を見にブラジルへ

五代目「シビック」（一九九一年発売）のコンセプトは、何とサンバだった（図12－1）。サンバはブラジルの代表的な踊り（音楽）で、皆さんもブラジル・リオデジャネイロのカーニバルの様子を映像で見たことがあるかもしれない。

五代目シビックの開発を進めていた当時、開発責任者のイトやん（後の本田技術研究所常務取締役の伊藤博之さんのこと。我々は親しみを込めてイトやんと呼んでいた）が来て、「次のシビックのコンセプトはサンバなんだ」と、興奮気味に話し掛けてきた。正直言って、その時は何のことか全く分からなかった。踊りのサンバとクルマではつながりようがなかったからだ。

イトやんが「サブちゃん（著者のこと）、本当のサンバを見たことないだろう。テレビじゃダメだ。リオに行って本物のカーニバルを見なきゃ。夜中の一二時を過ぎて、ちょっと色黒で背の高い女性が、大音量と目がくらむほどの光の中、激しく腰を揺らしている。ほとんど裸でね。それを目の前で見ないと、絶対に分からない」と言った。イトやんたち開発チームは、商品コンセプト

図12-1：五代目「シビック」のバックビュー
五代目シビックは、サンバをコンセプトして開発された。例えば、ヒップラインのデザインも躍動感にあふれている。

をより強固にするために、実際のリオのカーニバルを見てきたのだった。

イトやんは、サンバをコンセプトに次のシビックを造ろうとしていた。サンバを踊っている様子を思い浮かべれば分かるように、躍動的なデザインや機敏なハンドリングを、お客様に提供する最大の価値と考えたのである。

コンセプトが技術をつくる

五代目のシビックは大ヒットした。クルマは大きさがほぼ決まっていて、基本構造も同じ。ハンドルやペダルがあって、シートに座って運転する。こうした制約の中で新しい価値をつくり込むには、コンセプトが不可欠なのだ。良いコンセプトができれば、その商品に独特の〝匂い〟が出てくる。それは必ずお客様に伝わり、何かを感じてくれる。著者は多くの新車開発の責任者と議論したが、「ぴったりはまるコンセプトが見つかると、良い商品・技術ができる」という点ではほぼ全員が一致していた。

このように、コンセプトを決めることは非常に重要なことだ。だから、サンバという商品コンセプトも開発チームの内輪の決め事ではなく、会社が正式に承認したものである。承認を得るためには、社長に対してしっかり説明し、納得してもらわなければならない。開発チームは、日本で熟慮に熟慮を重ねた上で、「これしかない」というところまで商品コンセプトを絞り込むために、リオのカーニバルを見に行ったのだ。別のチームでは、商品コンセプトをどんな言葉で表現するか決めるためだけに、三日三晩のワイガヤを三回繰り返したこともある。

では、ホンダがここまでこだわるコンセプトとは何であろうか。コンセプトは一般的に使われる言葉だが、ホンダにおけるコンセプトとは、「お客様の価値観に基づき、ユニークな視点で捉えたモノ事の本質」と、著者は定義している。「お客様の価値観」という部分は、まさにホンダの哲学である三つの喜びの「買う喜び」を体現している。お客様が「ああ、この品を買ってよかった」と思う価値を、コンセプトはユニークな視点で具体化していなければならない。

この「ユニークな視点」は絶対価値につながる。少しの差ではすぐに追い付かれ、抜きつ抜かれつを繰り返しているうちに結局は価格競争になってしまう。ところがユニークであれば、すぐにはまねできないので、ライバルと決定的な違いを生むことができる。だからこそコンセプトは、ユニークな視点で勝負する必要があるのだ。

そして、最も重要なのが「モノ事の本質」である。突き詰めて考えればコンセプトとは、モノ事の本質そのものだからだ。ならば、本質とは何かが問題となる。しかし、この点に関しては一般論が通じない。五代目シビックはサンバに象徴される躍動感が本質だが、次章で紹介するエアバッグの本質はそれとは全く異なる。つまり、商品や技術ごとにケース・バイ・ケースで追究していかなければならないのである。

実は、これまで紹介してきたワイガヤや三現主義、学歴無用、ミニマムルールなどの企業文化や仕掛けは、モノ事の本質を追究する際の手掛かりになっている。

ワイガヤで三日三晩ほとんど寝ないで議論すれば、地位や名誉、富や権力に対する執着が消えていき、必然的に本質論にたどり着く。三現主義で「現場」「現物」「現実」を重視するのは、そこにモノ事の本質があるからだ。本質をつかむのに形式的な考え方や制度は阻害要因になるだけなので、学歴主義を廃し、ルールも最小限に抑える。

しかし、こうした企業文化や仕掛けがあるからといって、それだけで本質に近づけるわけではない。最終的には、それらを手掛かりに、技術者一人ひとりが考え抜くしかない。なにしろ、本質をつかまなければ良いコンセプトが生まれず、良い商品・技術を開発することもできないからだ。ホンダの企業文化や仕掛けは考える習慣を身に付けるのに役立ち、何をどう考えたらいいのかの手掛かりとなってイノベーションを加速するのである。

コンセプトを考えるためのヒント

本質をつかみ、それをコンセプトとして昇華させるには考え抜くしかないが、著者の経験からそのためのヒントが一つある。「面白いかどうか」を考えることだ。

面白さには三つの要素があると考えている。「本質的」「ユニークさ」「前向き」の三つだ。本質的なことを知ると世界の見方が根本的に変わってくるし、ユニークな視点は好奇心を強く刺激する。この「本質的」と「ユニークさ」は、コンセプトの定義と重なっている。「前向き」については言わずもがなだ。さらに積極的に取り組むための原動力にもなる。これは、ワクワクとした高揚感と言い換えてもいいだろう。

だからコンセプトを考えていくときに、少し立ち止まって、面白いかどうかを考えてみるとよい。もし、面白くなければそのコンセプトはダメだ。最初から考え直した方がよい。しかし、面白くて楽しくて、そのワクワクした気持ちをみんな伝えたくてしょうがなくなったら、あなたは何かを突き抜けた証拠だ。そのまま、真っすぐ進めばよい。

イノベーションは、現在の技術の改良や改善ではなく、技術を大きく飛躍させて絶対価値を実現することである。改良や改善には経験が生かせ、それを基盤にできるので、これまでの延長で対応できる。しかし飛躍が必要なイノベーションは、経験にこだわらず未踏の領域に飛び込む勇気が必要だ。ホンダがコンセプトに徹底的にこだわるのは、その挑戦の際、コンセプトが技術の天井を打ち破る、強力な一撃となるからなのである。

13章 コンセプトと本質②
——アポロ計画

ここでのポイント

◎ コンセプトは陳腐な表現に見えることがあるが、その奥は深い。

◎ 当事者意識を持っていない人には、コンセプトを理解できない。

◎ イノベーションのコンセプトは一品一様。決して同じものはない。

「キミの言うことは訳が分からん」

サンバの例だけでは、コンセプトとは何かというイメージがつかみにくいかもしれない。コンセプトは、課題に対して完全に一品一様である。そこで、サンバと対照的なコンセプトの例を紹介する。著者たちが開発を担当したエアバッグのコンセプトだ。

エアバッグの最大の問題とは

エアバッグをクルマに搭載することは、ホンダの役員ほとんどが最後まで反対か、反対とまではいかないまでも賛成はしなかった。開発期間一六年にわたって、その状況は変わらなかった。エアバッグの開発に加わって一〇年ぐらいたったころ、エアバッグの基本コンセプトを経営陣に報告することになった。著者は開発責任者になっており、それまで半年以上エアバッグの技術コンセプトを考え続けていたが、まだその本質をつかみきれていなかった。本質を探る糸口として、まずは、なぜみんなが反対するのかを考えた。

エアバッグが正常に作動した際に鼻血が出たり、鼓膜が破れたりすることか。いや違う。確かにそれらも課題だが、代わりに命が助かる可能性が高まる。あれこれ考えに考え抜いてたどり着いたのは「みんな、暴発や不発が心配なのだ」ということだった。もし事故の際に不発で作動しなければ、エアバッグの存在意味がない。逆に、運転中に誤作動によってエアバッグが膨らんだら、深刻な事故を起こす恐れが極めて高くなる。いずれの場合も、会社の存在を揺るがすほどの問題だ。だから、暴発や不発が怖いのだ。

確かに怖い。私も心底そう思った。実際、後に日本初のエアバッグが「レジェンド」に搭載されたとき、開発責任者としてやれることは全てやり尽くし、エアバッグの信頼性は盤石だと確信していたが、それでもかなりの期間、暴発や不発のことが頭から離れなかった。

マイナスを減らすのも価値

もともと、エアバッグは使われない方がいいという特殊な装置である。著者はコンセプトを

「お客様の価値観に基づきユニークな視点で捉えたモノ事の本質」と定義しているが、お客様にとっての価値には、プラスを伸ばすだけではなく、マイナスを減らすという方向もある。クルマの最大のマイナスはいうまでもなく事故なので、エアバッグの価値は事故によるマイナスを可能な限り軽減することだ。

ところが、不発ではマイナスを減らせないし、暴発に至っては新たなマイナスを生んでしまうことになる。暴発と不発は、まさにエアバッグに突き付けられた根源的な問題なのだ。

だから、エアバッグの技術コンセプトは、暴発と不発を減らすためのアプローチでなければならない。しかし、「エアバッグの技術コンセプトは高信頼性である」と言っても、前には進めない。それでは一般論すぎるからだ。

私は考え続けた。そしてある日、スッとコンセプトにたどり着いた。暴発や不発はシステムの故障である。言わば技術の故障だ。「技術の故障なら技術で解決できる」はず。これこそがエアバッグの技術コンセプトではないか、と。そして、このコンセプトを経営陣に対して報告する日がやって来た。

経営陣への報告会なので、社長も出席する。当然、事前に担当役員のチェックが入る。そこで

「暴発と不発は、技術の故障なので技術で解決できる」と説明すると、「小林君、キミは時々訳が分からんことを言うね」とあきれられた。分からない人には分からないのだ。

確かに普通に考えたら、技術の故障は技術で解決できる場合もあるし、できない場合もある。しかし、ここで言いたかったことは、エアバッグは決して神の摂理に反しているわけではない、ということだ。不可能でないなら、我々開発チームが絶対にものにしてみせる。こうした想いこそが、イノベーションを推し進める原動力なのだ。重要なので繰り返すが、ここが執行業務（オペレーション）との最大の違いである。

報告会に話を戻そう。前述のような私の説明を聞いた久米是志社長（当時）は、座ったままタバコをくゆらせ、だまって四〇分間考え続けた。そして一言、「そうだな」と言った。コンセプトが承認されたのである。

コンセプトというのはお題目ではなく、具体的なアプローチ法を意識したダイナミックなものである。しかも、考え方そのものでもあるので、結果を見て正しかったことは分かるが、論理的になぜ正しいかを証明できない。「サンバでクルマを開発すること」や「技術の故障は技術で解決できること」の正しさは証明できないのだ。しかし、当事者たちにとっては、開発の本質を指し示す、正しく具体的なイメージとして共有されている。

人類を月に送ったアポロ計画に学ぶ

エアバッグの技術コンセプトにおける次の大きな山は、高信頼性のコンセプトを確立することだった。エアバッグの故障率の目標は、クルマの使用期間を通じて一〇〇万分の一以下。信頼度でいうと九九・九九九九％以上、いわゆるシックスナインだ。一〇〇万台の車が一五・六年間（当時のクルマの平均寿命年数）走って、暴発や不発が一件以内しか起きないレベルである。

そのためには故障率一〇〇〇分の一以下のシステム二つで冗長系を組めばよい。そして、一〇〇万分の一以下の故障率を確実に実現し、それを検証していく。そのために何が必要なのかを示すのが、高信頼性のコンセプトだった。

そのコンセプトを作るために、大学など日本中の信頼性工学の専門家を訪ね歩いて話を聞いた。すると、故障率一〇〇万分の一以下を実現するための統計学的な要件だとか、バスタブ曲線の解説だとか教科書的な内容ばかり（図13-1）。「実際どうやって設計するのか」と聞くと、みんな黙ってしまう。当時の日本には、高信頼性設計を実際に経験したことのある専門家は一人もいなかったのだ。

そこで世界を調べてみたら、一つだけあった。人類を初めて月に送った、米国のアポロ計画である。人の命に関わるような事故が起きる確率を、実際に一〇〇万分の一以下に抑えていたのだ。そこで、同計画やその後のスペースシャトルの開発に参加した米マクドネル・ダグラス社（当時。一九九七年に米ボーイング社によって吸収合併された）に連絡すると、マクドネル・ダグラス社の航空宇宙部門が我々のために研修プログラムを組んでくれた。

著者は、開発チームメンバーの一人と本社で品質を担当する部長の二人を連れ立っ

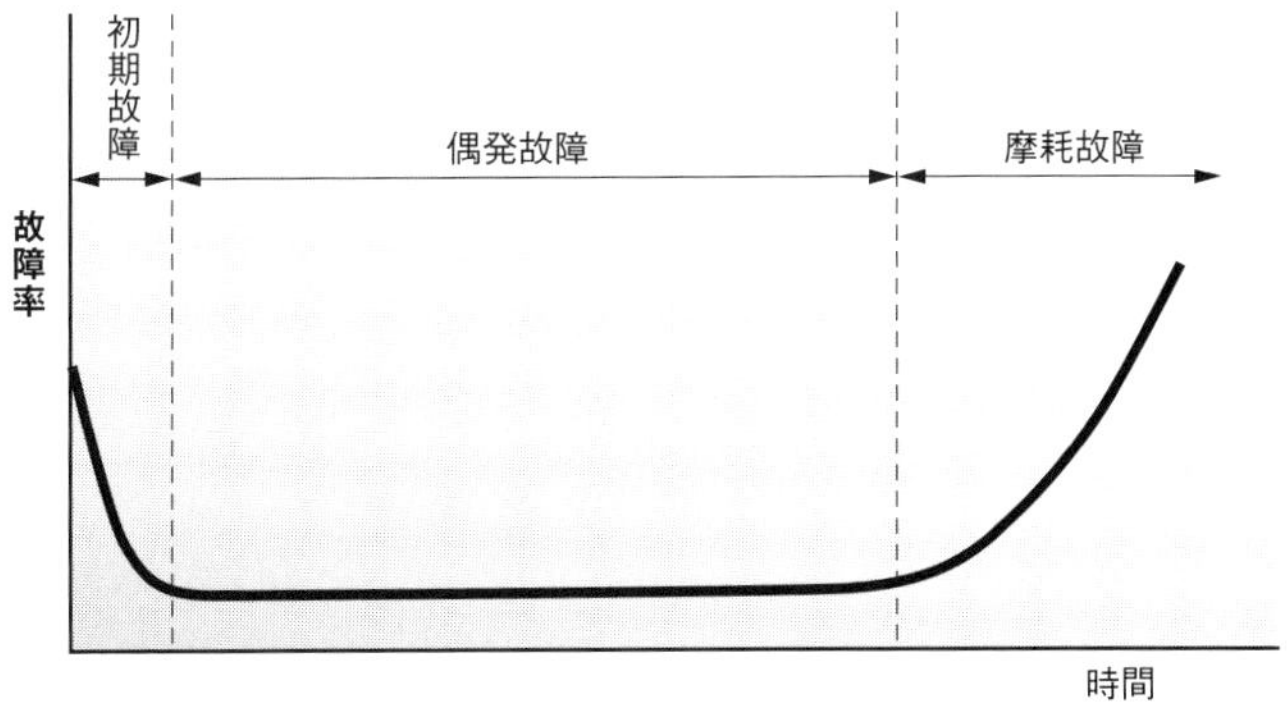

図13-1：バスタブ曲線
多くの製品の故障はグラフのような推移をたどる。最初は製造段階の不良などによる初期不良が発生し、それが落ち着くと故障率が低い状態が続く。しかし、時間が経過するに従って摩耗や疲労による不良が増えていく。このグラフの形が風呂の浴槽（バスタブ）の形に似ていることからバスタブ曲線と呼ばれている。バスタブ曲線は1980年代でも信頼性工学の基本だった。ただし、これを知ったからといって、実際のシステムを設計することはできない。

て、同社を訪ねた。一九八〇年代半ばのことだ。研修期間は二週間。実際には平日だけだから一〇日間である。我々が到着すると、博士が二十数人出てきて「キミたちのコーチングスタッフだ」と紹介された。そして、今日はこの三人、明日はこの四人という具合に一〇日間教えてくれた。

一緒に行った二人は故障解析の専門家で、「この機構の機械部品の故障率はこれくらい」など と具体的なデータに基づいて実際の故障解析を学んでいた。一方、著者はといえば、コンセプトをまとめるのが第一の目的だったが、残念ながらヒントすら得られなかった。一〇日間で学んだことは何か。日本で実務経験のない先生方が言っていたことと何ら変わったことはなかった。新しいこともほとんどなかった。高信頼性の奥義も秘訣もマクドネル・ダグラス社にはなかったのである。それで研修費は四〇〇〇万円。一九八五年当時の四〇〇〇万円だから、かなりの大金だ。

ホンダでは、帰りの飛行機の中で報告書を書くのが決まりになっている。マクドネル・ダグラス社での研修内容はすらすら書けたが、最後の一言が書けない。高信頼性の本質、つまりコンセプトがどうしても書けないのだ。何も出てこないまま時間だけはいたずらに過ぎていく。

あと一時間で成田空港に着いてしまう。そこで私は、もう一度メモを見直した。やはり、日本の専門家と同じことを言っている。しかし改めて見ると、やけに詳しい。あきれるほど具体的で、あきれるほど詳細だった。「何でこんなに当たり前のことを延々と話すのだろうか」と思った瞬間、ハッと気付いた。「当たり前のことを徹底してやる」ことが本質だ、と。

私はこれを報告書の最後の結論部分に書いた。研修前からの予定通り、久米さんに報告することになったが、社長報告だから今回も事前に担当役員と内容を打ち合わせた。そのとき、「えっ、『当たり前のことを徹底してやる』だけなの？　キミ、それに四〇〇〇万円も払ったのか」と言われた。我々は核となるコンセプトをやっとつかめたと手応えを感じていたが、この担当役員には全く伝わらなかった。

そして、社長報告。久米さんは前回と同じように、たばこを吸いながら四〇分考え続け、最後に一言、「そうだな」と言った。

修理費用一〇億円が八〇万円に

当たり前のことを徹底してやる。このコンセプトが、後に大きく役立った。

エアバッグを搭載したクルマを発売してから三年後の一九九〇年一一月、製造元の部品メーカーでインフレータに欠陥があることが判明した。インフレータはエアバッグの中核部品で、クルマが衝突などの衝撃を受けたときに、中に入っている、ロケットの発射燃料などにも使う火薬に火を付けて化学反応を起こし、円周方向に大量の窒素ガスを噴き出してエアバッグを膨らます(**図13-2**)。このインフレータは上下をかしめて組み立てているが、ある時期に製造した製品の一部にかしめの甘いものがあったのだ。

米国のアリゾナ州などは、夏には体温を超えて四五度ぐらいの気温になる。カーエアコンを入れていれば問題はないが、クルマに乗ってすぐ、冷えきる前に衝突事故が起きると、高温のために火薬が早く燃焼し、インフレータ内部の膨張圧力が高くなる。設計通りにインフレータが造られていれば問題はないが、かしめが甘いとその部分が外れて金属部品が搭乗者の顔の方に飛んでくる可能性があるため、部品を交換する必要があった。

日本で販売した、不良品のインフレータが搭載されている可能性があるクルマは約五万台。通常こうした場合は、対象になる約五万人のお客様に連絡を取り、販売店に来てもらう。そして、エアバッグを分解し、インフレータの製造番号を確認して該当の番号だったら部品を交換する。

ところが、エアバッグは、火薬を使っているので簡単には分解できないようになっている。特殊工具が要る上、静電気があると点火装置が誤作動する可能性もあるので、耐静電室に入れ耐静電服を着て作業しなければならない。このため、交換費用だけで当時一台当たり二万円掛かるといわれていた。対象台数は五万台だから、トータルの交換費用はざっと一〇億円だ。

ところが、実際は全ての経費を合わせても八〇万円で済んだ。なぜか。エアバッグの主要部品に関しては、トレーサビリティーを取っていたからだ。

具体的には、主要部品にバーコードを付けて、一台一台読み取っていた。このため、交換が必要なインフレータを搭載しているクルマの車体番号が分かり、購入したお客様を直ちに特定できたのである。実際、日本でインフレータの交換が必要だったクルマは一二台。一週間で全ての交換を終えた。直後に、ホンダ本社の品質担当常務の山田建己《たけし》さんから電話がかかってきた。「小林さん。あなたのつくったトレーサビリティー・システムはすごいね。一〇億円かかるはずの交換費用が八〇万円で済ん

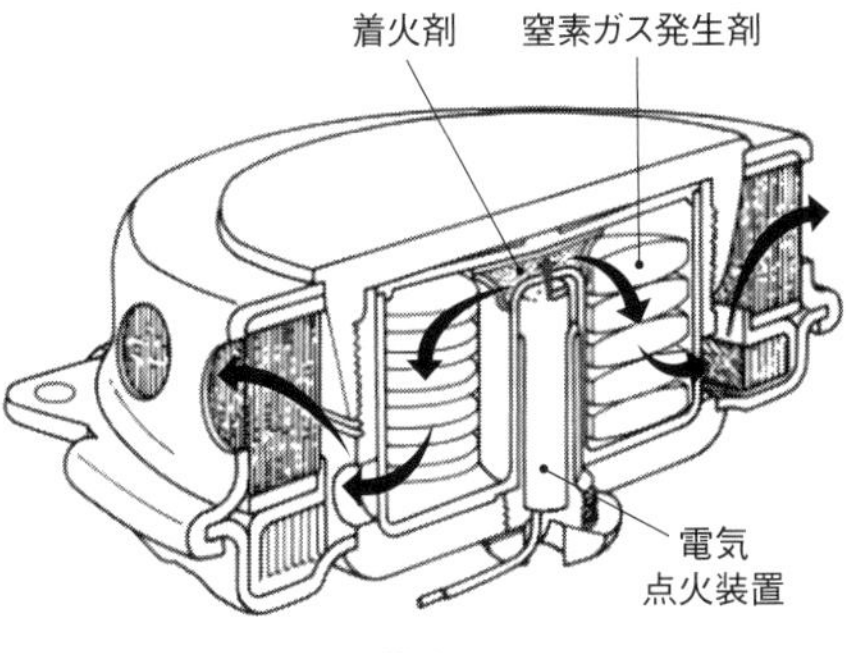

図13-2：インフレータの構造
火薬が爆発的に燃焼して大量の窒素ガスを発生させ、エアバッグを瞬時に膨張させる。

だ。これは利益に相当するから、差額の九億九九二〇万円は、君が飲んでよし！」。

残念ながら私は下戸なのでウーロン茶とダイエットコーラしか飲めない。一〇億円分も飲むとは不可能だ。また、しばらくして久米社長がとても喜んでいるという話も伝わってきた。

トレーサビリティーのシステムの構築費用は六〇〇〇万円。エアバッグがあれほどの速さで普及するとは考えていなかったので、最初は一日に二～二〇個しか造らない計画だった。それだけのために六〇〇〇万円のシステムを構築することは、常識では考えられない。しかし、「当たり前のことを徹底する」というコンセプトの下、敢えて実施した。部品の不良などの不測事態が起きても、その部品を追跡できれば被害は最小限に抑えられるからだ。コンセプトに基づいてここまで徹底していたからこそ、こうした不測の事態も軽傷で乗り切れた。コンセプトには、こんなにも広範な影響力があるのである。

成果主義でイノベーションを評価できるか

皆さんの会社は成果主義を入れてないだろうね。入れたらイノベーションは全部止まるよ。当たり前だ。

俺は本田技術研究所の同期の中で昇格が一番遅かった。俺の頃は、大体35歳で課長や主任研究員になった。でも、俺は40歳までならなかった。主任研究員になる前、さすがに気になってボーナスの時に上役のところへ行き、「私には、どこか直さなければならないところがあると思うのですが」と切り出した。すると、「いや、キミは今のままでいいんだ」と言う。「しかし、同期の連中と比べてだいぶ昇格が遅いんですが」と聞いたら、「あ、キミね。それ、成果がないから」と言うではないか。バカヤローと思ったね。それじゃ、長期研究をやるヤツはいなくなる。

成果主義は、クルマのセールスみたいに、個人の成果がはっきり出る職種には向いている。執行業務（オペレーション）も成果を積み上げながら仕事をするので、制度設計次第で有効かもしれない。しかし、イノベーションに成果主義を持ち込んだらダメだ。イノベーションは基本的に成功か失敗だ。しかも10年かけた上に、失敗に終ることも珍しくない。

10年くらい前から成果主義は日本のメーカーに広がってきたが、あまりうまくいっている例を聞いたことがない。ここ数年、チームワークを評価するとか、プロセスを評価するとかという修正が行われているようだが、それでもイノベーションとは相いれない。イノベーションは、成功が見えてくるまで成果はないに等しいので、評価されないからだ。成果主義でイノベーションを評価しようとするおまえ、バカヤローだ。

14章 コンセプトと本質③
――言葉の力

ここでのポイント

◎ コンセプトは、明快で簡潔な言葉で表現できなければ未完成である。

◎ 普通のコミュニケーションでは、伝えたいことの64％しか伝わらない。

◎ 大和言葉で考えると本質をつかみやすい。

技術開発を始める前にすべきこと

コンセプトと本質の話を続ける。ここでは、別の視点から見よう。言葉という視点からだ。

我々は、ホンダの研究開発を担う本田技術研究所のことを、よく「本田言葉研究所」と呼んでいた。技術やクルマの研究の前に、言葉を巡って延々と議論が続くからだ。以前紹介したように、新車の商品コンセプトを表現する言葉を決めるためだけに、三日三晩のワイガヤを三回やった開発チームもあった。とにかく、言葉に対するこだわりが半端ではない。そのため、技術ではなく言葉を研究している所という意味を込めて、本田言葉研究所と呼んでいたのである。

明快な言葉で表現する

著者は最初、「話してばかりいないで早く技術開発をやろうよ」と、言葉を巡って議論する先輩を見ながら思っていた。議論の時間がムダだと感じていたからだ。しかし、それが間違いであることに比較的早い段階で気付いた。コンセプトが間違っていたり、表現する言葉が不明確だったりすると技術開発が行き当たりばったりになる上、開発チームの意思統一も図れない。結局、ムダ撃ちが多くなって技術開発が進まなくなるからだ。

普通に考えると、コンセプトは内容が重要で、それをどんな言葉で表現するかはささいなことのように思える。しかし、それは大きな間違いだ。ホンダでは、明快で簡潔な言葉で表現されなければコンセプトとしては認められない。*言葉に落とし込むことによって、初めてコンセプトが完成するのである。

なぜそこまでこだわるのか。その理由は主に二つある。一つは、開発チームが自分たちの理解を深めるためだ。一言でコンセプトを説明できないということは、自分たちの理解が足りないということに他ならない。不明確なコンセプトの下では、技術開発の方向性は決められない。このため、コンセプトはできる限り絞り込んで明快で簡潔な言葉で表現し、チーム全員がそれこそ魂のレベルで理解しなければならない。

もう一つの理由は、チーム内のコミュニケーションを深めるためである。新車開発では多数の専門技術者が分担するので、コミュニケーションを密にし、それぞれがすべきことを明確にすることが絶対に必要だ。一方、純粋な技術開発では試行錯誤を重ねて技術コンセプトを絞り込んでいくが、この過程で強力なコミュニケーションが不可欠になる。いずれの場合も、コミュニケーションがコンセプト作りを加速させ、いったんコンセプトが出来上がると、それによってコミュニケーションがさらに深まるという補完関係になっている。

人に伝わるのは六四％にすぎない

技術開発においては、言葉によるコミュニケーションの重要性をしっかりと認識すべきだと著者は考えている。日本は社会の均質性が高く、「あうんの呼吸」が通じ、「皆まで言うな」の曖昧な文化だ。そのため、意味を明快に絞り込んだコミュニケーションには慣れていない。だからこそ、伝えたいことを確実に伝えられるように、コミュニケーションの能力を意図的に高めなければならない。

著者の経験からすると、合理性を基盤とする技術開発でのコミュニケーションにおいてでさえ、話している人は言いたいことの八〇％しか表現できず、聞く方はその表現された中の八〇％

しか理解できない。八〇％掛ける八〇％なので、結局六四％しか伝わらないのだ。伝言ゲームのように何人か間に入ったら、コミュニケーションは機能不全に陥る（**図14-1**）。

だから、技術開発の場で確固としたコミュニケーションを確保するには、そのための仕掛けが必要になる。ホンダの場合、その最大の仕掛けが、これまで何度も登場したワイガヤだ。通常業務から一切離れ、三日三晩かけて行うワイガヤのことを「熟慮を身に付けるための道場」と紹介した。しかし、それだけではなく、「言葉に対する感度を高め、それを伝えたり受け止めた

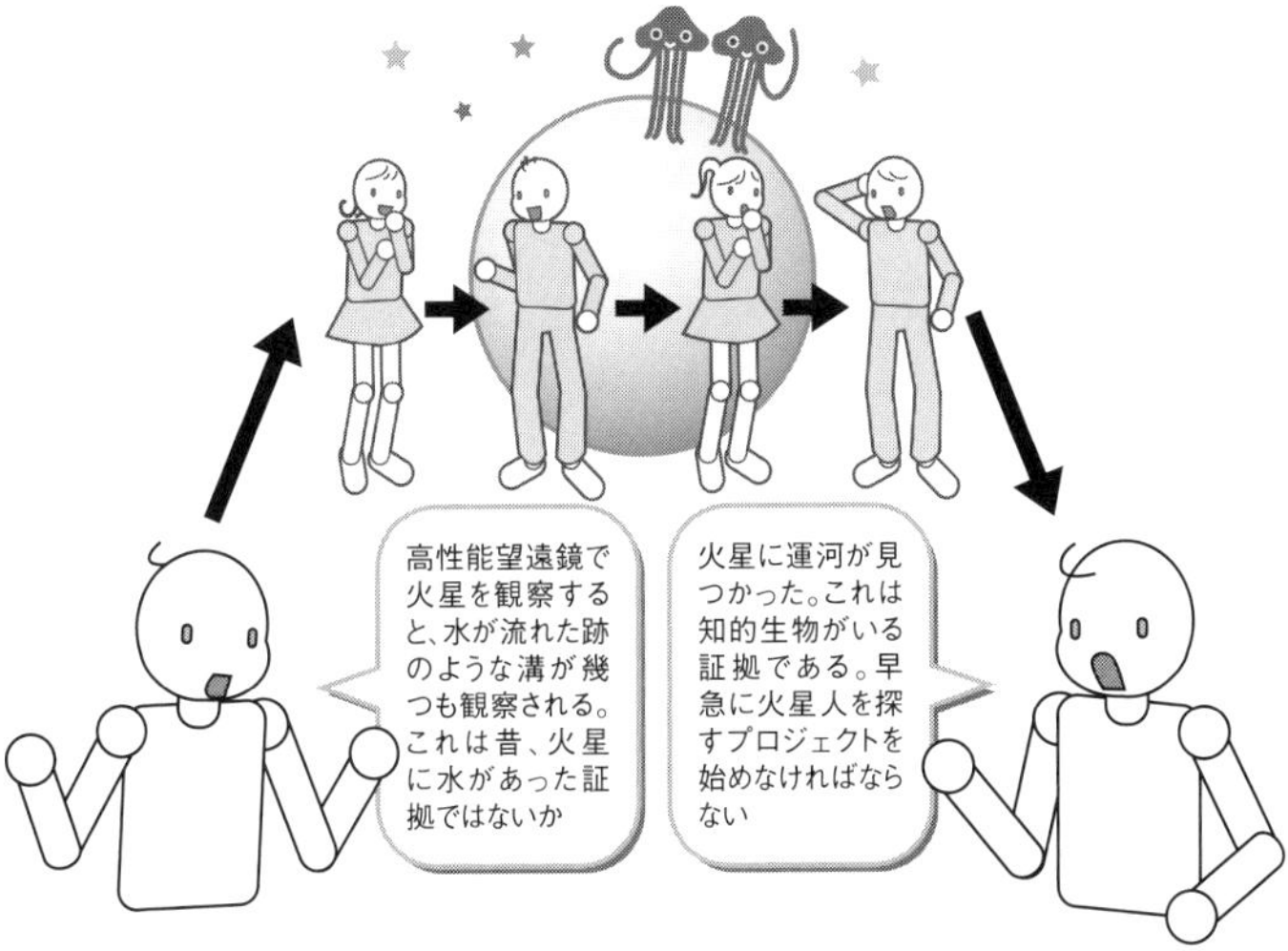

図14-1：通常のコミュニケーションでは64％しか伝わらない
伝達率64％の伝言ゲームでは、5回の伝達があると伝達率は11％に低下する。

りするコミュニケーション能力を磨く道場」でもあるのだ。

ワイガヤでは常に「あなたはどう思う？」と問われる。そこでは、自分の考えを自分の言葉で伝えなければならない。一般論的な話になると「どこかで聞いたことがあるな」、説明が長くなると「一言でいうと何だ」と畳み掛けられる。これで相当鍛えられ、コミュニケーションの基礎体力がつき、伝達率（伝えたいことを伝えられる比率）を大きく高められるのだ。もちろん、ワイガヤは道場であるだけではなく、コンセプトを固める場でもあり、コンセプトを決める際には必ず開催される。

コンセプトが固まると今度はコミュニケーションがスムーズになる。メンバーは、チームで共有されている強固な基盤（コンセプト）を前提にして話すようになるので、ノイズが入りにくくなり、勘違いや誤解もなくなるからだ。このため、ワイガヤで鍛えられたメンバーが明快なコンセプトの下でコミュニケーションをすると、伝達率は九五～九八％に達する。チーム全体が共鳴し合い、文字通りチームが一体となった状態になる。コンセプトは、最強チームをつくるための原動力でもあるのだ。

大和言葉の深み、世界観を生かす

コンセプトを作る際のヒントとして、「本質的」「ユニーク」「前向き」であるかどうかを考えてみるとよいと12章で紹介した。実はヒントがもう一つある。漢語や外来語ではなく、日本固有の大和言葉で考えてみることだ。特に商品コンセプトを考える際に有効である。

英語には「潔い」という概念がなく、従って潔いに対応する言葉もないといわれる。少し前にはやった「もったいない」もそうかもしれない。以前、「つつましやか」を英語で表現したいと思って電子辞書で調べたことがあるが、なんと「small」と出てきた。つつましやかとsmallでは全く意味が違う。

思い付くまま大和言葉を挙げてみよう。「慈しみ」「触れ合い」「粋」「さすが」「めりはり」「絆」「もてなし」――。これらから分かるように、大和言葉には日本人特有の価値観や世界観が含まれており、他に言い換えできないような深い概念をシンプルな言葉で表すことができる。我々の心と体に自然に染み込んでいるので、借り物の言葉ではない。翻訳ができないくらいだから当然ユニークであり、本質的でもある。前向きなものも多い。

こうした大和言葉の中には、何か世界に通用する価値が含まれている。しかも、我々日本人が本家なので、何が価値なのかを探し出すのに有利な立場にもある。例えば「わび・さび」。多くの日本人は何となく分かっている。京都の静かなお寺のこけむした庭で、ししおどしの音が響いたりすると、「ああ、わび・さびの世界だね」と自然に感じられる。これは、横文字でコンセプトを考えるよりは数段取り掛かりやすい。ホンダでは三〇年以上も前から、コンセプトを考える際には大和言葉を常に頭に置いてきた。

もちろん、全てのコンセプトを大和言葉で言えるわけではない。五代目シビックの商品コンセプトは「サンバ」であるし、エアバッグの高信頼性の技術コンセプトは「当たり前のことを徹底してやる」だった。どちらも大和言葉ではない。それにもかかわらず、我々は、コンセプトの中心には大和言葉があると感じてきた。

「サンバ」「当たり前のことを徹底してやる」、そして大和言葉。これら言葉の落差・距離感と多様性を感じ取ってほしい。借り物ではない言葉でプロジェクトのコンセプトを作るということは、こうした言葉の本質をつかむことでもあるからだ。

コンセプトを考え抜き、言葉で表現するという点で、本田技術研究所はまさに本田言葉研究所なのである。

＊　だからといって、コンセプトの一字一句を正確に覚えておく必要はない。いったんコンセプトが決まれば、大切なことはその内容を共有することで、その文言は本質ではなくなる。しかしながら、コンセプトの内容を決める際には、慎重に言葉を吟味しなければならない。

バカヤローな人たち

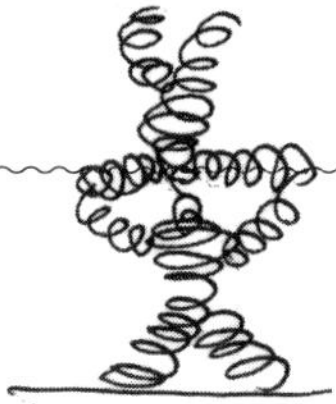

「鍛えよう！　筋肉体質」

「コンセプト」とよく似たものに「スローガン」がある。辞書を調べると「団体や運動の目的や主張を簡潔に言い表した語句。標語」とあるから、確かにコンセプトに似ている。

しかし、スローガンや標語はあまりにも粗製乱造されているので、本来の役割を果たせなくなっている。俺は多くの工場や研究所を講演などで訪ねるが、そこでポスターなどにして掲示してあるスローガンをよく見掛ける。コンセプトは目立つ所に掲示するものではないが、スローガンは目立たせることが重要だからだ。その中で､「鍛えよう！筋肉体質」という巨大な横断幕を見た時は絶句してしまった。言いたいことは分かる。無駄な脂肪を取って機敏に動ける機動性の高い組織になろう、ということだろう。それ自体は悪いことではない。しかし、それを横断幕に書いて貼り出すことでどんな効果があるだろうか。

このスローガンの最大の欠点は、前向きではないことである。コンセプトの良しあしは､「本質的」「ユニーク」「前向き」であるかどうかを考えると分かる。スローガンでもそれは同じだ。「鍛えよう！筋肉体質」の横断幕を毎日見せられて、前向きに「よし、やってやろう」と燃える人がいるだろうか。「余計なお世話」と感じる人が多いのではないか。少なくとも俺は燃えない。

加えて、ユニークでもない。一般的な課題をそのまま言っているだけだ。センスも感じられず、どこかで見たことがありそうな言い回しだ。「鍛えよう！　筋肉体質」はコンセプトではなくスローガンだが、コンセプトを借り物の言葉で作ったら人を動かす力が全くなくなってしまうことの典型例になっている。借り物の言葉を使って安易にスローガンを作り、自己満足しているおまえ、バカヤローだ。

15章 トップと上司の眼力

ここでのポイント

◎ イノベーションにおける熟慮とは、商品や技術の全体像と、その核となる本質を捉えることである。

◎ 熟慮は孤独で地味な作業。このつらい熟慮の連続を支えるのは想いだけだ。

◎ 想いと熟慮を直結させるのが上司の役割である。

【久米三代目社長の、魔の四〇分】

これまで、〝想い〟があるかどうかが、イノベーションの成否を分けると指摘してきた。しかし、想いという言葉は漠然としている。そんな漠然としたものにイノベーションの成否を懸けてよいのだろうか。

イノベーションは、長期にわたって成果が出ず、しかも孤独な仕事なので、熱い想いがないと継続して取り組めない。この点に異論はないだろう。しかし、想いだけが空回りをして技術開発が一向に進まないこともある。空回りを避けるには、可能な限り多くのデータを集め、論理的に分析して正解を導き出すのがよいと一般的にはいわれている。だから、データを効率的に収集したり、それを論理的に分析したりする能力が重要、という具合に話が進む。しかし、未踏領域に挑むイノベーションには、そもそもデータが存在しないので、分析のしようがない。結局、技術者の個人的な想いに戻ってしまう。これでは堂々巡りだ。

ホンダのイノベーションでは、発想の出発点を変えることによって、この堂々巡りから離脱している。それは、(イノベーションにおいては)論理と分析には目もくれず最初から想いを中心に置き、想いの曖昧さを徹底的にそぎ落とし、空回りしない正しい方向に導くというものだ。未踏領域のイノベーションでは正しい方向は分からないので、正確には「正しい方向に導く」ではなく、「正しい方向を探すアプローチを熟慮させる」といった方がいいかもしれない。要は、想いと熟慮を直結させるのだ。そして、その役割を担うのが上司、最終的には経営トップなのである。

想いは目に出る

一六年に及ぶエアバッグの開発の期間中に、しつこく聞かれ続けたことがある。直接の上司だけではなく、本田技術研究所の実質トップだった久米是志・ホンダ専務(当時。後の三代目社長)やおやじが、繰り返し繰り返し問い掛けるのだ。「エアバッグの価値は何だ?」と。

これに対してはいつも、「安全です」と答えた。すると

「安全の何が価値なのか？」

と聞かれるので

「世界で毎年一〇万人、毎日三〇〇人近くの人が交通事故で亡くなっています。エアバッグがあれば、この人たちの多くの命を救えます。我々がやらなければいけません」

こんなやりとりを何度も経験した。

夫の安全に関するアンケート調査を実施し、「妻が最も心配しているのは病気ではなく交通事故」といったその時々の最新の知見を交えることもあった。会話の内容はその都度違うが、根底にあるエアバッグの価値に関しては一貫していた。

その答えを聞くと、直接の上司や久米さん、おやじたちは「そうか」と同じようにうなずいた。今になって思えば、答えた内容ではなく、答え方と目を見ていたのだと思う。それによって、開発チームがコンセプトをつかんでいるか、前向きに取り組んでいるか、そして何より、心底やりたいと思っているか、などを測っていたのではないか。質問が本質的な内容だけに、ごまかしは利かない。例えば、久米さんに対する報告会ではこんなことがあった。

「それで」と言われるのは最悪

当時の本田技術研究所では、技術開発の節目ごとに久米さんに報告をすることになっていた。久米さんの判断がその後の技術開発プロジェクトの命脈を左右するので、真剣勝負だ。

久米さんは担当技術者の説明を聞いた後、いつもたばこをくゆらせながら四〇分間じっと考える。不思議なことに、いつも四〇分だ。そしておもむろに口を開く。この時間を、著者を含めてみんなは〝魔の四〇分〟と呼んでいた。「それで？」と言われると最悪だ。集めたデータの分析に終始している場合によく言われた。つまり、「データの分析については分かった。そこから君たちはどんなコンセプトや方向性を見いだしたのか。その話が聞きたい」という意味なのである。ところが、報告者は用意した内容をすべて話しているので、追加で話すことはない。そのため、久米さんから「今回得られたものは何もない。君たちは何をやっているのか」と言われている気分になる。

著者はその報告会で、まだエアバッグの試作品もない初期の段階で説明をしたことがある。その際のテーマが何であったかは忘れてしまったが、魔の四〇分が過ぎた後、久米さんは突然、テーマとは関係ないことを聞いてきた。

「小林さん、クルマの安全の基本的要素は何か」

そんな質問は想定していないから準備もしていない。その場で必死になって考えて、「はい、私がやっているエアバッグに関係する衝突安全について答えます」と、まず自分の専門分野に引き寄せてから、次のような説明をした。

衝突安全の最大の目的は乗員の保護である（**図15-1**）。そのためには、まずはボディ骨格で乗員を保護する必要がある。ボディ骨格は、衝撃を吸収するための潰れやすい部分と、乗員の生存空間を確保するための潰れないコア部分で構成される。

次に、拘束装置が必要になる。これはシートベルトやエアバッグなどのことで、乗員をコア部分にとどめておく、つまり拘束しておくための装置だ。拘束装置がないと、乗員がハンドルやインスツルメント・パネル（インパネ）にぶつかったり最悪の場合は車外に放り出されたりして危険にさらされる。

そして三つめが、クッション構造だ。拘束装置は完璧ではないので、乗員がハンドルやインパネにぶつかることもあり得る。それに備えてこれらの部品の表面にクッション性を持たせ、衝撃を吸収できるようにしておかなければならない。

つまり、「ボディ骨格」「拘束装置」「クッション構造」の三つが衝突安全を構成する要素になる。

何とかこの結論にたどり着いたが、自信満々というわけにはいかなかった。衝突安全は日ごろから取り組んでいる専門分野ではあったが、時間をかけずに即答したので、何か重要な要素が抜け落ちている可能性がある。「それで？」と言われてしまうかもしれないという不安が頭をよぎった。その時たぶん、久米さんは私の答え方や目を見ていたはずだ。

しかし、久米さんは「それで？」とは言わなかった。その代わり、ギロリと目を光らせて「小林さん、四つめは何かね」

図15-1：衝突安全の3要素
衝突の際は、ボディ骨格、拘束装置、クッション構造で乗員を保護するのが基本。

と聞いた。

絶体絶命の死地に立ったような気分だった。これまでの知識と経験を総動員して、やっと三つ答えたのだ。それでも四つめが絶対にないとは言い切れない。なにもできずに立ちすくんでしまった。すると、しばらくして久米さんは次の質問を投げ掛けてきた。

「小林さん、五つめは何かね」

お手上げである。四つめを言えずに黙っているのに、五つめを答えられるわけがない。報告会の会場は水を打ったように静まり返り、時間が止まった。

そして、また、久米さんが口を開いた。これで終わりではなかったのだ。

視点を変えて、横からも上からも

「その三つ、次元レベルは同じか」

この質問は、三つの要素の間で重要度に違いはあるかという意味だった。イメージで言えば、横から見たときに高さが違うか、ということである。同じ高さなら重要度も同等なので、優先度も同じになる。しかし、高さが大きく違えば、一番高い要素を優先しなければならない（図15-

2）。もちろん、これにも答えられない。すると久米さんは

「三つは完全独立事象か」

と聞いた。

これにも答えられない。この質問は、三つの要素を上から見ると、どんな三角形になるかというイメージだ。正三角形なら独立していると考えて個別に課題解決に取り組むが、もし二つの頂点が近ければ、その二つは一括して取り組まなければならない（図15-3）。つまり、次元レベルや事象の独立性は、技術開発のアプローチを決める際の重要な道しるべとなるのである。

そして久米さんは、最後に少し怒ったような顔をして言った。

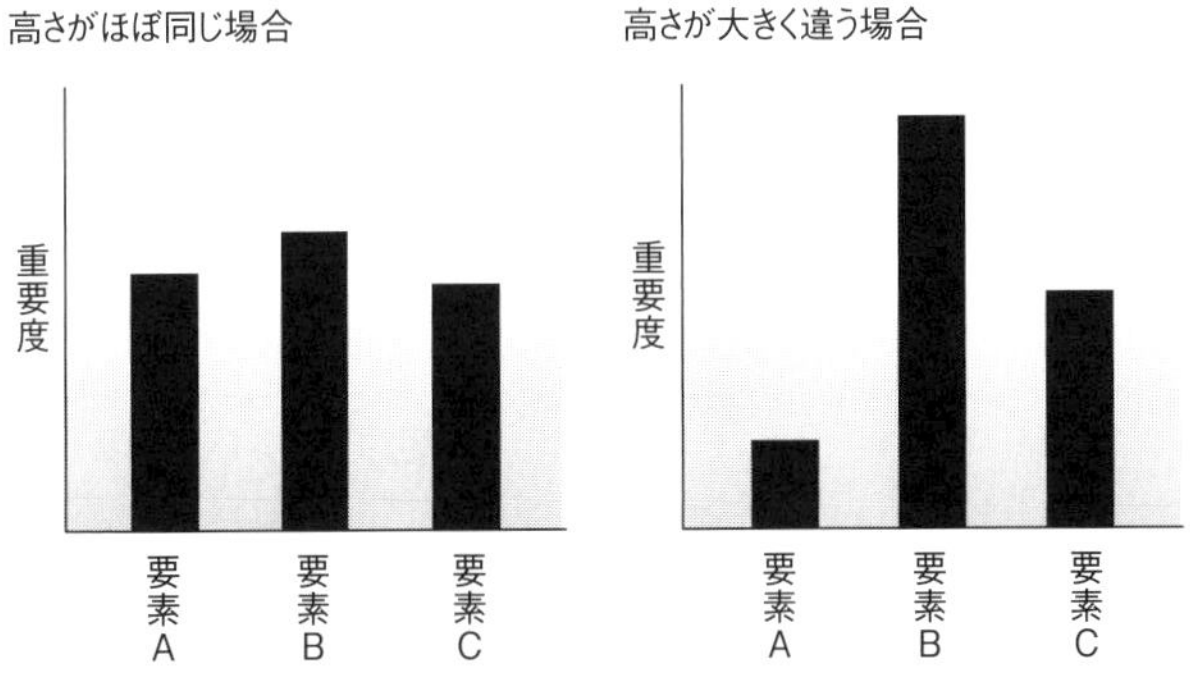

図15-2：技術要素に対する次元レベルのイメージ
高さがほぼ等しい場合は、同じ優先度で取り組む（左）。一方、高さが大きく違う場合は、最も高い要素を優先して取り組む（右）。それぞれの要素の高さは簡単に分からないことが多く、それを把握するのにも熟慮が必要になる。

「君は安全について、まだ何もわかっていない」

この報告会が終わった時はとことん打ちのめされた気持ちだったが、大きな収穫もあった。「熟慮とは何か」に対して具体的なイメージを持つことができたからだ。当時は余裕がなくて考えが及ばなかったが、今にして思えば久米さんはあえて敵《かたき》役を買って出てくれたのだと思う。

最初に答えた三要素は教科書に載っている模範解答だが、それを丸暗記しても安全の上澄みをすくっただけ。要するに付け焼き刃だ。本質は水面下にある。三要素をすくって終わりにしてしまってはダメなのである。

イノベーションにおける熟慮とは、要素を無数に考えて、重要なところを融合させたり、重なる部分

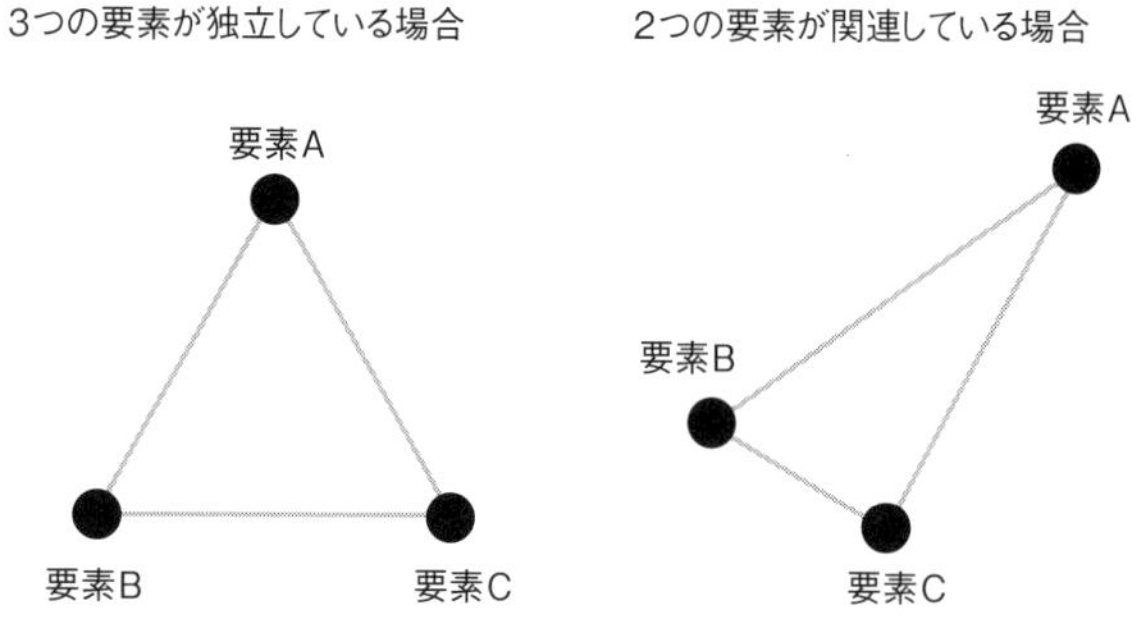

図15-3：要素の独立性のイメージ
三つの要素が独立しているなら正三角形で表現する（左）。この場合は、個別に課題解決に取り組める。しかし、二つの頂点が近ければ、その二つは一括して取り組まなければならない（右）。要素が四つの場合は四角形になる。

を切り取ったりして、最終的に幾つかの本質的な要素にまとめ上げることである。

衝突安全の要素に関しても、こうした熟慮を重ねて作り上げた三要素ならば、「四つめは何か」や「次元レベル」「独立事象」に関する問いにも即座に、しかも簡単に答えられる。熟慮とは、衝突安全の全体像と、その核となる本質を捉えることに他ならない。熟慮を経て捉えた全体像と本質から、これまで繰り返し述べてきたコンセプトが導き出せるのである。

しかし、考えることは孤独で地道な作業だ。ホンダでＬＰＬ（ラージ・プロジェクト・リーダー）を務めた多くの技術者と議論したが、「人生の中で、ＬＰＬだった間ほど物事を考え抜いた時はない。もう二度とできないだろう」と口をそろえた。全く同感である。この、つらくて果てしない熟慮を支えられるのは想いだけだ。想いとは空回りするような表面的なものではなく、自身の深い部分に根を張り、イノベーションに取り組むためのエネルギーが絶え間なく涌き出てくる、魂の泉なのだ。著者は、安全の要素の報告会を通じて、このことを学んだ。

久米さんへの報告会の前はいつも憂鬱だが、まれに強固な自信を持って臨めることがある。ぴったりはまるコンセプトをつかんでいる場合だ。

例えば、13章で紹介した、エアバッグの技術コンセプト「技術の故障ならば技術で解決できる」や、高信頼性の技術コンセプト「当たり前のことを徹底してやる」などである。明確なコンセプトをつかんでいれば、どんな質問にも答えられる。しかし、そうした場合に限って、久米さんは何も聞かない。魔の四〇分を経て久米さんが発したのは「そうだな」のたった一言だった。

これがトップと上司に必要な眼力なのである。

16章 自律、平等、信頼

ここでのポイント

◎ イノベーションにおいて、技術者は「自律」しなければならない。

◎ 技術の前では、役職に関係なく「平等」でなければならない。

◎ 自律と平等を実現するには、互いに対する「信頼」が必要になる。

俺が死ねと言ったなら

本田技術研究所は以前、全く業種の異なるA社との間で、研究員の交換留学をやったことがある。七～八人の若手・中堅の技術者を二カ月間、互いの研究所に派遣する予定だった。いわば「他人の飯を食う」経験をさせようとしたのだ。

ところが、これは大失敗だった。派遣された技術者はどちらも「仕事にならない」と不満を募らせ、結局一週間で中止になった。その理由が振るっている。A社から本田技術研究所に来た技術者の不満は「指示が曖昧で何をやったらいいのか分からない」というもの。一方、本田技術研究所からA社に派遣された技術者の不満は「『あれをやれ』『これをやれ』と、やたらと指示が細かくて仕事にならない」というものだった。双方の不満は正反対だったのである。

ホンダは「自律」「平等」「信頼」を柱とする「人間尊重」を、「ホンダの哲学」の二本柱の一つとして掲げている（図16－1）。これは単なるお題目ではなく、ホンダの人たちには魂のレベルで根付いている。しかし、自律、平等、信頼は一般的な概念なので、概念自体を説明しても本質はつかめない。ここでは、ホンダの技術者の実際の行動の中でこの三つがどう生かされているか、著者の体験を中心に紹介したい。

最初にガツンと

交換留学の話は、自律に関するエピソードの一つだ。ホンダでは技術開発において技術者個人の裁量が大きく、何をやるかを自分で考えることが普通だ。これが、ホンダで求められる自律なのである。ホンダの技術者は、さまざまな

人間尊重

● **自立**
自立とは、既成概念にとらわれず自由に発想し、自らの信念にもとづき主体性をもって行動し、その結果について責任を持つことです。

● **平等**
平等とは、お互いに個人の違いを認め合い尊重することです。また、意欲のある人には個人の属性（国籍、性別、学歴など）にかかわりなく、等しく機会が与えられることでもあります。

● **信頼**
信頼とは、一人ひとりがお互いを認め合い、足らざるところを補い合い、誠意を尽くして自らの役割を果たすことから生まれます。ホンダは、ともに働く一人ひとりが常にお互いを信頼しあえる関係でありたいと考えます。

図16−1：ホンダはWebサイトでも人間尊重の哲学をアピールしている
人間尊重はホンダの哲学の二本柱の一つ。自立に関しては、最初は「自律」という文字が充てられていたが、現在、ホンダのWebサイトでは「自立」となっている。本書では自律を用いている。ホンダの哲学のもう一つの柱は、4章で紹介した「三つの喜び」（作る喜び、売る喜び、買う喜び）である。

場面で自律、平等、信頼の、生きた哲学に触れることになる。中でも、最もインパクトが大きいのは入社直後。ここでガツンとやられる。著者もそうだった。

入社間もなくの最初のワイガヤでのことである。一人だけ年配の人がいるので、先輩に「あの人は誰ですか」と聞いたら取締役だと教えられた。ごく普通に周りと議論をしている。周りも取締役と意見が異なれば、はっきりと反対する。日本では役職が二階級違うと議論はできない企業がほとんどで、例えば若手社員は係長とは議論できても課長からは指示を受けるだけだ。ところが、ホンダでは議論を聞いていても上下関係が分からない。つまり、平等なのである。

すると、その取締役が私を名指しし、「君、小林君だったよな。君はここまで何も発言していない。話すことがないなら出ていってくれ」と不機嫌そうに言い放った。

指摘の通りだった。ワイガヤのテンションの高さと、議論の展開の速さ、そして本音をズバズバぶつけ合う雰囲気に圧倒されて一言もしゃべれなかった。虚を突かれて焦りながらも何とか議論に加わろうとして、「僕もそう思います」とか、「こんな話を聞いたことがあります」とか、とにかく何でもいいから発言するようにした。するとしばらくして、またその取締役が口を開いた。

「小林君、意見を言うようになったのはいいんだけど、誰かへの同調や、どこかで聞いた話ばかりだな。それに、つまらない」と、バッサリである。これは、「君は自分の意見がない。つまり自律していない」という意味である。まさにガツンだ。

こうしたエピソードは数多くある。まだ若かった頃、六～七人でワイガヤをして結果をマネジャーに報告した。数人のメンバーにはマネジャーから仕事の指示が出たが、私には何も指示がなかったので、「明日から何をすればよいでしょうか」と聞きに行った。すると、そのマネジャーは著者をちらっと見て、「小林君がマネジャーだったら、君みたいな若い人に何を頼む？それを明日までに考えてこい」と言われた。

三つほどのテーマを考えて資料にまとめて翌日説明に行った。すると、そのマネジャーは資料を見ようともしないし、説明を聞こうともしない。「うん、分かった。テーマが決まっているならなぜやらない。すぐに始めればいいじゃないか」。要は、自分で課題までを設定することが求められていたのである。これも、自律が求められる例だ。

引き継がれるおやじのDNA

このようにホンダでは、自律という観点から技術者はとことん鍛えられる。例えば、おやじに直接育てられた世代の人たちには定番の一言がある。それは「俺が死ねと言ったなら、おまえは死ぬのか」というものだ。これは、こんな場面でよく言われる。技術開発を進めていく中で、上司から「こうやってみらどうか」という助言を受けることがある。上司が言ったからといって全部やる必要はないが、理にかなったことなら当然やってみる。しかし、うまくいくとは限らない。上司は助言の内容を必ずしも覚えていないので、失敗したことを知って「なぜこんなことをやったのか」と聞く。そのときに「あなたがやれと言ったからじゃないですか」と答えると、前述の言葉が怒鳴り声で返ってくる。「俺がやれと言ったからやった？　それなら、俺が死ねと言ったなら、おまえは死ぬのか」と。

なぜ怒鳴るのか。それは、上司が言ったことを無批判にそのままやるという姿勢が許せないからだ。失敗の責任を部下に押し付けようとしているわけではない。「あなたの助言のこの点に可能性があると考えて実験してみましたが、うまくいきませんでした」と答えれば、怒ることは絶対にない。

この二つの答え方の最大の違いは、担当者自身の判断が入っているかどうかである。前者は「言われたことをそのままやる」、後者は「自分の判断によってやる」。担当者が自律しているかどうかが問われているのである。

もう一つ、ここには平等の考えも入っている。上司の助言を業務命令と受け止めて無批判に実施することは、そこに明確な上下関係があることを示している。一方、妥当性を判断した上で実施する場合には上下関係はない。上司の助言は幾つもある選択肢の中の一つとして平等に扱われるからだ。ホンダには「技術の前で平等」という伝統があり、役職が高いからといって、ある特定の技術をゴリ押しすることは許されない。技術の優劣を判断する基準はただ一つだけ。すなわち、お客様に新しい価値を提供できるかどうかだ。そして、その判断を実際に行うためには、自律と平等という土壌が必要なのである。

俺が死ねと言ったならうんぬんは、もともとおやじが言ったことなのだろう。何人もの先輩から、この言葉で怒鳴られた。これに限らず、多くのおやじの言葉が今もホンダの中で生きている。

そして、最後が信頼である。ホンダの人たちは婉曲《えんきょく》表現を嫌う。本音と建前の使い分けもない。その方が伝えたいことを確実に伝えられ、余計なことを考えなくて済むからだ。だから「腹の探り合い」や「相手の出方をうかがう」といった〝高度な話術〟に出番はない。

エアバッグを実用化した際の技術コンセプト「技術の故障ならば技術で解決できる」を担当の

役員に説明した際、その役員から「君は時々訳が分からんことを言うね」とあきれられたことを紹介したが、その言葉の中に叱責や皮肉は込められていなかった。単に「訳が分からん」と言っただけだ。それ以上の意味はない。ホンダでは時々、「バカヤロー」や「出ていけ」といった怒号が飛び交うので、外部の人からはけんかをしているように見えるらしいが、あくまでも議論をしているのである。だから、感情的なしこりは残さない。

こうした、本音で感情をあらわにした議論ができる最大の理由は、お互いを信頼していることにある。いいクルマやいいバイクなどの商品をお客様に届けたいという根本では、みんなが一致している。だから信頼し合えるのだ。自律、平等、信頼はイノベーションの分野だけではなく、ホンダを根底で支える、まさに哲学なのである。

こっそり足を引っ張る輩

ホンダには本音と建前がないので、コミュニケーションでのストレスはほとんどない。特に、いったん賛成しておきながら後で邪魔をするということは絶対にない。その場で反対するからだ。だから「江戸の仇《かたき》を長崎で」ということもない。

ところがホンダを退職後、さまざまな組織と付き合ってみると、相手の本音がどこにあるのか分からないことが多く、これが結構なストレスになる。社長などの経営トップは意見がはっきりしていることが多いが、その下の専務や常務クラスは本音と建前が大きく違うことが間々ある。中でも不愉快なのが、こっそり足を引っ張る輩《やから》だ。実際の経験だけではなく、そういった話が企業でのヒアリングの中でよく出てくる。例えば、「話しているときは、満面の笑みを浮かべて相づちを打つが、後で裏からこっそり妨害する」といったケースだ。こっそりなので、なかなか誰が妨害しているのか分からない。

なぜそんなことをするのだろうか。俺には一つ気付いたことがある。それは、「シェアが低下」「売り上げが伸びない」といった、停滞や縮小の状況でこうした輩が暗躍することだ。つまり、顧客に新しい価値を提供したり、売り上げを拡大したりという前向きのことができないので、相手の足を引っ張って差をつけるのだ。褒められたことではないと分かっているので、こっそりやる。こんなことばかりやっていたのでは、その組織はアッという間に潰れるだろう。

イノベーションが目指す新しい価値づくりは、こうした停滞や縮小という状況を打破するもの。厳しいときこそ、イノベーションが必要になるのだが、それを邪魔されたのでは目も当てられない。イノベーションをこっそり邪魔しようとしているおまえ、バカヤローだ。

17章 若者のポテンシャル

ここでのポイント

◎ イノベーションへの挑戦においては、若さは大きな強みになる。

◎ 技術開発では、壁にぶつかった時がチャンスだ。

◎ 若い技術者は、仕事を任すと早く大きく成長する。

【二階に上げて、はしごを外す】

「ああ、やられた」という表情を浮かべながら、ホンダの技術者が口にする言葉がある。それは「二階に上げられて、はしごを外された」である。

例えば、二〇〇九年二月にホンダが発売したハイブリッド車「インサイト」の開発責任者の関康成さんもそうだ（図17-1）。『日経ものづくり』誌の取材に対して「二階に上げられてはしごを外された上に、床に火まで放たれた。もう、（目的に向かって）登っていくしかなかった」と答えている。* このプレッシャーのもとになったのは、開発初期の二〇〇六年五月、当時の社長が記者会見で「お求めやすい価格のハイブリッド車を、二〇〇九年に発売する」と宣言してしまったことだった。メドが立っていない段階で発売の期限を切られた上に、価格帯まで決められてしまったのだ。

決して切り捨てない

これと似たようなことは、ホンダではしばしば起こる。そして担当者が「はしごを外された」と天を仰ぐことになるのだ。ただし、ここで強調しておきたいのは、ホンダの場合、はしごを外されても当人は決して裏切られたとは感じていないことである。

通常、「はしごを外された」というときは、「話が違う」あるいは「罠にはめられた」という思いがある場合が多い。最初はいいことずくめの説明で誘っておきながら、いざ引き受けてみると実際は悪条件が山積みで、しかも誘った本人は手のひらを返したように冷淡になり、何

図17-1：ホンダのハイブリッド車「インサイト」
インサイトの189万円からという価格は、ハイブリッド車の中で当時最も安かった。

の支援も得られずに切り捨てられる——というのが典型的なはしごを外された状況だろう。ホンダの場合、「支援が得られない」ことは共通だが、「切り捨てられることはない」という点で大きく異なっている。その結果、「はしごを外される」という言葉はホンダ独特の意味になる。

四〇%の力があれば任す

ホンダには、その仕事に必要な能力の四〇%があれば任すという伝統がある。一〇〇%の能力が備わるのを待っていたのでは時間がかかりすぎるし、その仕事での成長も期待できない。四〇%の能力があれば、その仕事に取り組む中で残りの六〇%は成長するしかない。その方が、人は早く育つのである。そのため、常に実力以上の仕事が求められる。しかもその際、上司から手取り足取りの支援はない。「よく考えて自分でやれ」という雰囲気だ。これを別の視点から見ると、若い技術者でもプロジェクトの責任者になれるということを意味する。ホンダには、人が持つ、特に若手が持っているポテンシャルを信じ、大きな裁量権を与える伝統がある。

こうした環境は、特にイノベーションにとっては強みになる。イノベーションは失敗に終わる可能性が高く、成功率はどんなに高くても二〇%前後、普通は一〇%に届かない。いわばハイリスク・ハイリターンのプロジェクトだ。これは、若者向けの仕事といえる。少数の例外を除けば、人は年を取るに従ってリスクを取らなくなる上、積み上げてきた専門知識も邪魔になることが多い。確かにベテランの専門家はいろいろな知識を持っているが、その知識は全て過去のもの。イノベーションは、過去の技術の改良ではなく未踏の領域に挑戦することなので、過去の知識は役に立たない。

ベテランの専門家は、過去の知識が障害になって技術を素直に見ることができず、まず、できない理由を考える傾向が強い。以前にも紹介したが、エアバッグの実用化には、ホンダの技術系役員と幹部技術者ほとんど全員が反対した。イノベーションには、リスクを恐れず技術的な偏見のない若い技術者の存在が絶対に必要なのである。

こうして自分の身の丈以上の重要な仕事を任された若い技術者は、誇らしさと責任の重さを感じ、目標の高さに圧倒され、そして全ては自分に懸かっていることをかみしめながら、「二階に上げられて、はしごを外された」と口にするのである。つまりホンダの場合、はしごを外すということは、若い技術者のポテンシャルを信じて仕事を任すということに他ならない。著者は入社二年目で側面衝突安全のプロジェクト・リーダーになった。それは、「すぐに解決はできないかもしれないが、こいつの勉強になる」と思って任せてくれたのだと思う。

ラッキーな技術者

一方で、任せた以上、上司は口を出さない（支援しない）というのもホンダの伝統だ。エアバッグの開発の初期段階で、技術的な課題がなかなか解決できず、上司の主任研究員に相談したことがある。愚痴に聞こえたかもしれない。すると、「サブちゃん（著者のこと）、君は本当にラッキーな技術者だ」と、にこにこしながら肩をたたいてきた。その理由がとんでもない。「技術的な問題は、君だけが抱えているわけじゃない。たぶん、ライバルメーカーも同じだ。君がそれに挑戦して解決できたら、その技術を組み込んだすごいクルマができて、お客様に喜んでもらえる。ホンダは、そのクルマを売ることでもうかる。そして、君は昇給／昇進するかもしれない。まさに〝三方一両得〟だ」といった具合。正直言って「コノヤロー」と思った。こっちは真剣に悩んでいるのだから。

しかし、このとんでもない答えにも不思議な効用があった。壁に突き当たっても「チャンスかもしれない」と、前向きに考えるようになったのだ。これはとても大切なことで、問題が起きたときに大変だと悩むよりもチャンスだと前向きに考えると、それだけで結果が大きく違ってくる。例えば、エアバッグの開発が本格化する前、衝突安全を高めるためのアプローチを考えている時がそうだった。安全性を高めようとすると、基本的にはクルマの重量が増える。しかし、クルマの開発チームは、重量増を毛嫌いする。彼らはグラム単位で車体の軽量化を進めているのだから当然だ。だから安全部門からの話は、総論賛成、各論反対の典型になる。歓迎されていないことは相手の目を見ればすぐに分かる。すると、気分が落ち込んでくる。

しかし、無理をして前向きに考えていたら、本当に新しいアイデアが浮かんできた。それは、衝突安全の機能を持たされていないエンジンやタイヤなどの部品を補強部材としても利用するという考え方だ。今では当たり前だが、当時としては新しかった。こうした発想は、内に籠っていては出てこない。前向きに希望の光を見ていると、解決しようというエネルギーが体の中から生まれてくるのだ。ホンダでは上司からの支援はほとんどないが、筋が通った話なら他の部門からの協力は得られるのである。

「おまえには五〇〇億円の価値がある」

上司からの支援はほとんどないと言ったが、たまには励まされることがある。それは、こっちが本当に落ち込んでいるときだ。

長期的な技術開発を担当していると、いつ成功するか全く分からないので将来が見えない。それで、かなり落ち込んだ時期があった。その時、たまたまある役員と話した。「このままやっても成果が出るのかどうか分からないし、ちょっと心配です」とこぼしたら、その役員はじっと目を見ながらこう言った。

「サブちゃん、おまえ幾つになった」

「二七歳です」

「俺はさあ、もうすぐ五〇歳だ。金はないけどよ、おまえの年に戻れるんだったら五〇〇億円だって払うぞ。若いというだけでそれくらいの価値があるんだ。それなのに、おまえは何をくだらないことを言っているんだ。そんな言い訳ばかりしていると、何もしないまま人生が終わってしまうぞ。そうやって生きていくのか」

四〇年前の五〇〇億円だから相当な額だ。当時の私に五〇〇億円の価値があったわけではもちろんない。あくまでもポテンシャルの話だ。ポテンシャルをフルに生かせば五〇〇億円にもなるが、生かさなければ何もなし得ない。頭を強烈に殴られたような衝撃を受けた。くだらないことでくよくよ悩んで、時間をムダにしてはいけない。そして、できることを着実にやっていこうと心に決めた。

「ラッキーな技術者」と「五〇〇億円」の話を先輩から聞かされたのは、ここで紹介したときだけではない。やはり若いときにそれぞれ何回か言われたことがある。しかも、ラッキーな技術者の話には必ず三方一両得のオチが付き、若さの価値はいつも五〇〇億円だった。だからたぶん、この二つはおやじが言ってきたことなのだろう。

おやじは常に若者のポテンシャルに期待し、それをうまく引き出していた。つまり、それだけ多くのホンダの技術者が二階に上げられ、はしごを外されてきたのである。

＊『日経ものづくり』二〇〇九年三月号の八六ページから始まる特集「なぜ、新技術を創造できるのか　ホンダの秘密」の中で紹介されている。

18章 説得

ここでのポイント

◎ イノベーションが実現する価値の重要性は、開発の初期段階では理解されないことが多い。

◎ その価値の重要性を、さまざまな相手に対して説得する必要がある。

◎ 説得に際しては、自らが開発している技術の価値を信じ、全人格で当たらなければならない。

【もうホンダを辞めるしかない】

イノベーションによって実現する新しい価値の重要性は、なかなか理解されないことが多い。まだ技術として完成していない開発中のものなら、なおさらだ。

エアバッグの価値は、事故の際に乗員を保護し、身体的な被害を軽減すること。ただし、これは、エアバッグが実用化された後に、事故が起きて初めてはっきり分かるもので、開発段階ではまだ絵に描いた餅にすぎない。一方、エアバッグの最大のリスクは、前にも書いたが不発と暴発である。事故の際に作動しなければ、エアバッグを搭載した意味がない。さらに、暴発の場合は、それによって事故を誘発する可能性さえある。不発や暴発が起きたら大きな社会問題となり、会社が潰れてしまうほどの影響がある。

こうしたリスクは、技術的な完成度を高めるほど低減できる。我々は商品化の段階で、クルマの平均寿命年数を通じての故障率一〇〇万分の一以下を実現した。だから、信頼性には絶対の自信を持っていたが、これをエアバッグの技術開発に関わっていない人に理解し、信じてもらうことはとても難しかった。その際、重要になるのが説得である。エアバッグに限らず、新しい技術や価値を実現するには、開発技術者がさまざまな相手を説得しなければならない場面が必ずある。その説得に際しては、ノウハウやテクニックは通用しない。自らが開発している技術の価値を信じ、全人格で当たらなければならない。

エアバッグの開発では、死に物狂いで説得したことが二回あった。一回目は、開発に着手してから約一〇年たった頃の開発打ち切りの危機の際。二回目が、実用化前の米国でのフリートテスト実施の際である。今回は、フリートテストの時のエピソードを紹介する。振り返ってみると、エアバッグ実用化に向けての長い道のりの中で、最大の危機であった。

エアバッグは要らない

それは、一九八五年一～二月の出来事である。エアバッグをオプション設定にした「レジェンド」の北米での発売が一九八七年六月なので、その二年半前のことだ（**図18-1**）。その時点で技術開発は最終段階を迎えていたが、レジェンドへ搭載するかどうかは、まだ白紙の状態だった。著者たちは、エアバッグの信頼性を最終的に確認するために、米国でフリートテストを計画していた。

フリートテストとは、一度に多くのクルマを公道で走行させる試験のこと。エアバッグのフリートテストは一〇〇台のエアバッグを搭載したクルマを米国のアメリカン・ホンダモーター社の営業マンに配車し、実際に乗ってもらうというものだった。

日本では当時、エアバッグを膨張させる火薬がダイナマイトと同じ危険物に分類されて火薬取締法の対象になっていたため、国内でのフリートテストは不可能だった。米国でテストするにはアメリカン・ホンダモーター社の協力が不可欠になるので、その

図18-1：日本初のエアバッグを搭載した「レジェンド」
エアバッグは「レジェンド」のオプション装備として、北米で1987年6月、日本で同年9月に発売された。写真は国内仕様のクーペ。

協力を取り付けるために米国に出掛けていった。

当時、アメリカン・ホンダモーター社のトップは雨宮高一さん（後のホンダ副社長）で、とても丁寧に対応してくれた。「研究所の方ですか？　お名前は小林さん？　いろいろ努力していただいてありがとう。研究所がいいクルマを造ってくれるおかげで、営業は商売できるんですよ」と、とても腰が低かった。

これなら話しやすいと少し安心して、フリートテストのことを切り出した。話はちゃんと聞いてくれた。しかし最後に、「米国の人は、エアバッグを買いません」とピシャリ。

雨宮さんは、米国のお客様のことは自分が一番よく知っているという自信に満ちあふれていた。エアバッグは作動時に爆発的に膨張する。その仕組みを知らないと、エアバッグ自体が危険に見える。「そんな危ないものは、米国では絶対に売れない」と言うのだ。

フリートテスト中に不発や暴発などが起きた場合のことも考えていたかもしれない。もし不発や暴発が起きたら、北米の販売台数に相当大きな影響があるはずだ。ホンダがフリートテストを実施することになれば、世界中の自動車メーカーと米国の所管官庁、そしてマスメディアが一斉に注目する。その中で不発や暴発が起きれば、大ニュースになってしまう。

おまえの武器を使え

黙るしかなかった。そして日本に帰り、本田技術研究所で研究部門の責任者だった下島啓亨さんに、その経緯を報告した。すると、「あ、そう。それで、諦めるのか。そうしたらエアバッグは終わりだ」と言う。「どうするんですか」と下島さんに聞くと、「おまえが、もう一度行くしかない」と返された。

今から思えば、上司に任せて一回でも逃げてしまうと一生逃げ続けることになるから、下島さんはあえて突き放した態度を取ったのだと思う。確かにフリートテストに関する一連の経験を通じて、物事に動じなくなった。しかしそれは後付けの結果論で、当時はそんなことを考える余裕などない。それこそ、二階に上げられてはしごを外された気分だった。

下島さんは続けて「おまえの武器を使え」と言った。「私に武器などありません」と答えたら、「おまえの誠実さが武器だ」と真顔で話す。心の中では釈然としなかったが、もう一度、雨宮さんを説得しに行くしか道はないということだけは分かった。

二回目にアメリカン・ホンダモーター社を訪ねた時、雨宮さんは三人の上級副社長を呼び出して意見を聞いた。米国人二人、日本人一人の上級副社長は口をそろえて、「米国人は、エアバッグを必要としないので売れない」と言う。彼らは営業本部で仕事をしており、米国のお客様の考えはよく分かっていると思っている。その三人も反対だった。

だから雨宮さんは、「(私だけではなく)トップはみんな同じ意見だ。フリートテストをやる必要はない。わざわざ日本から来てくれてありがとう。下島さんによろしく」と、話を打ち切った。取り付く島もなかった。

最後のチャンス

日本に帰って、すぐに下島さんに報告に行ったら、一言聞いただけで下島さんの顔が苦虫をかみ潰したようになった。こういうときは詳細な報告はムダなので結果だけを話して「また行くんですよね」と確認したら、「そうだ」と言われた。

今度が最後だ。これで雨宮さんを説得できなかったらホンダを辞めるしかないという覚悟だった。米国でフリートテストができないということは、実用化への道が閉ざされることに他ならないからだ。エアバッグは、十数年に及ぶ開発で技術的な問題は全て潰していた。これで実用化できなかったら、一緒に取り組んできた仲間や協力してくれた部品メーカーに顔向けができない。部品メーカーは、既にかなりの開発投資も行っているのだ。実用化できなかったら、その全てが無に帰してしまう。

今度は、雨宮さんはなかなか現れなかった。約束の時間を四五分ぐらい過ぎてやっと部屋に入ってきて、不機嫌そうな顔をしてソファに座った。

「小林さん、今日は何?」とぶっきらぼうに聞かれた。もちろん、内容は分かっているはずだ。要は、話を聞きたくないのだ。

「またエアバッグです」と言うと一層険しい表情になったが、ここで引き下がるわけにはいかない。意を決して大きな声で話し始めた。もともと声は大きいのだ。

「今、米国で毎日一五〇人の方が交通事故で亡くなっています。それを知っていながら、エアバッグをやらないようなホンダに、果たして存在価値があるでしょうか」。ここで技術的な細かい話をしてもしょうがない。エアバッグの本質的な価値は何かという正論を、雨宮さんの目をしっかり見ながら話し始めた。

よく覚えていないが、たぶん三〇～四五分くらいは話し続けたと思う。本当にこれが最後のチャンスで、もう後がないのだ。雨宮さんは途中で何か言いたがっているように見えたが、話を切られないように大きな声でしゃべり続けた。アメリカン・ホンダモーター社のトップに向かって「エアバッグをやらないホンダには存在価値がない」と延々と、しかも偉そうに演説した。

雨宮さんはびっくりしたような顔で聞いていたが、だいぶ時間がたったところで、「黙れ」とか「ちょっと待て」とかいうようなことを言い始めた。大きな声だった。私は一瞬ひるんで話すのをやめた。その瞬間、雨宮さんの口から出てきた言葉は、「分かった。やっていい」だった。

雨宮さんが、フリートテストを了承してくれたのだ。その言葉を聞いた瞬間は何が何だか分からなかったが、しばらくして全身から力が抜けていった。必死の想いが届いたのである。雨宮さんは最後に「本田技術研究所の社長から、『我々のお客様とアメリカン・ホンダモーター社には絶対迷惑を掛けない』という一筆をもらってこい」と大きな声で言ってから、やはり不機嫌そうな顔をして部屋を出ていった。

根回しは逆効果

本田技術研究所とアメリカン・ホンダモーター社は同じホンダの一員だが、別会社である上に、組織上のラインも異なる。多くの企業の場合、複数の組織が関係する、社業への影響が大きい案件は、それぞれの組織の責任者の話し合いで決めていくのが普通だ。現場は根回しに徹する。ところがフリートテストの案件では、著者のカウンターパートはいきなりアメリカン・ホンダモーター社トップの雨宮さんだった。

その背景には、ホンダ独特の文化がある。ホンダは根回しが役に立たないという変わった組織だ。特に、複雑な問題ほど根回しはしない。かえって逆効果となるからだ。例えば、雨宮さんはどんなに根回しをしようと、また誰からの依頼であろうと、ダメな場合は自分の判断ではっきり断る。それはホンダの社長が相手であっても同じだ。だったら、最も熱意を持ち内容にも精通しているプロジェクトの責任者が話す方が説得力があり、了承が得られる可能性が高い。下島さんが「おまえには誠実さという武器がある」と言ったのは、その点を考えてのことだ。ホンダでは担当者が直接行って説得する方が根回しをするより話が通りやすいのだ。

それにしても、三回も会ってくれて最後にはフリートテストを了承してくれた雨宮さんはすごいと思う。著者は、ホンダ退職後、大学で主に社会人学生を教えているが、「君たちの会社でこんなことが起きるか」と聞くと、全員が絶対に起きないと答える。一回却下された案件を三回も米国法人のトップに持っていったら、必ず左遷されるという。二～三割の会社は二回目で左遷になるので三回目はない。その人事を目の当たりにした次の人は、絶対にトップへの直談判をしなくなる。

雨宮さんは、「お客様の安全を高める」という正論に対しては、役職の上下にとらわれず、一人の人間として著者の話を真剣に聞き、最終的にフリートテストにゴーサインを出したのである。

このフリートテストは何の問題も起こさずに成功し、エアバッグは一九八七年六月にレジェンド向けのオプション装備として北米で発売された。その後は、ものすごいスピードで普及していった。著者は、米国各地の営業の担当者や保守点検の担当者にエアバッグの説明をするために、しばらく米国と日本を行き来する生活を続けていた。ある時、たまたまアメリカン・ホンダモーター社の廊下で雨宮さんと擦れ違ったら、彼が声を掛けてきた。

「小林さん、エアバッグのおかげで今、レジェンドは絶好調。エアバッグがないと売れないんだよ。次の『インテグラ』は、エアバッグ一〇〇％装備でいこう」。

正直言って「あれだけ反対したのに」と思わなくもなかったが、今では「エアバッグの評価を間違えてごめんな」というメッセージだったのではないかと思っている。

バカヤローな人たち

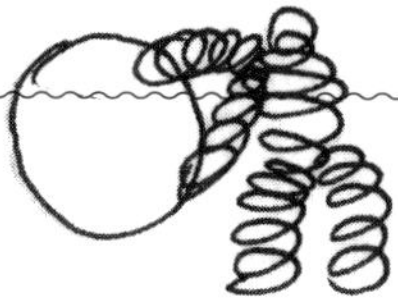

正論を軽んじてはいけない

この章の扉の「ここでのポイント」で考え込んでしまった。俺の想いとして「イノベーションにおいては勇気を持って正論を主張することが重要」という項目を入れたかったが、今の日本の状況では、それが技術者として命取りになりかねないと考えてやめた。そんな状況が進んでいるのだ。

雨宮さんにしても下島さんにしても、ホンダ創業期に育った人たちはお客様のことを考えた意見、つまり正論を受け入れるというDNAがあった。ところが、今の日本企業の多くは、会社の方針や利益目標がこうした正論よりも重要なものとしているようにみえる。実際に、「いつまでも若手ではないのだから、正論ばかり言っていないで現実を見ろ」などと言われたりする。

しかし、よく考えてみれば、こうした現実を打ち破るのがイノベーションなのである。現実的な技術を目標にしていたのでは、とてもイノベーションを達成できない。技術開発に制約があるのは事実だが、その制約の全てを受け入れてしまっては新しいものは生まれてこない。これはまさにイノベーションに関する正論だが、こうした主張も通じにくくなってきている。

何の疑問も持たず、ただただ現実的な技術を志向する人たちを説得することは不可能だ。イノベーションに対する理解が全く違っている以上、議論は永遠にかみ合わない。こうした人たちが上司の場合、正論を主張しない方がいい。左遷とまではいかないにしても、「会社の方針を理解していない」あるいは「あいつはダメだ」とみられてしまう。今、日本中の企業がそうなりつつあるように思う。正論を軽んじるおまえ、バカヤローだ。

19章 やる気を引き出す

ここでのポイント

◎ チームメンバーのやる気を引き出すことは、リーダーの大事な仕事。

◎ 人は、納得してこそやる気が出る。

◎ プロジェクトが停滞しているときは、リーダーは元気が出る話をしなければならない。

【おまえら、ボーナスは要らないな】

死に物狂いで説得したことがもう一回あると前章で書いた。ここでは、その話から始めたい。

説得の相手は、前章にも登場した下島啓亨さん。ホンダは、技術開発をR（研究）とD（開発）に分けて考えており、下島さんはRの方を担当する役員だった。下島さんを説得したのは、著者がエアバッグ開発の責任者になった翌日。エアバッグの開発が始まってから一一年目の一九八二年四月のことだった。

「もう開発はやめよう」

今後の開発日程をまとめて下島さんに報告に行った時のことである。何か変な雰囲気なのだ。渡した日程表は見ないし、説明も全く聞かない。おかしいな、と思っていたら突然、「なあ、小林君。エアバッグはやめよう」と言うではないか。そして、「君には他にやってもらいたいことがいっぱいある」と続けた。その瞬間に頭に血が上った。開発責任者になった翌日に言うべきことではない。中止するなら新しい開発責任者を置く必要はないからだ。

しかし、感情を抑えながら、ここでも「世界で毎年一〇万人、毎日三〇〇人近くの人が交通事故で亡くなっています。エアバッグがあれば、この人たちの多くの命を救えます。我々がやらなければいけません」という話を一〇回くらい繰り返した。下島さんはその間に「君の言いたいことは分かった。だけど、やめない？」などと言っていた。

しかし最後は、著者の熱意を認め、開発の継続と技術者一人の補充を決めた。当時は分からなかったが、その後の下島さんの行動を考えれば、著者の将来を思って開発中止を持ち出したのだと思う。何しろ、その時点でのエアバッグの開発は、一〇年の期間を経ても全く進んでいなかった。もし、このまま実用化できなかったら、取り返しがつかないほどの時間をムダにしてしまうからだ。

何しろエアバッグが開かなかった

今でこそ、運転席や助手席だけではなく、サイドエアバッグやサイド・カーテン・エアバッグなどさまざまなタイプのエアバッグが実用化されているが、当時のエアバッグは問題点が多すぎて、何が課題なのかさえ特定できない状態だった（図19-1）。「エアバッグはダメテーマ」という声が本田技術研究所内のあちこちから聞こえていた。

その当時、絶対に実用化できると言い切れるほどの自信はまだなかった。客観的に見れば実用化は夢物語だったといえる。だから、下島さんは著者の本気度、つまりやる気を探ったのだと思う。ただでさえ困難なプロジェクトなのに、開発責任者がぐらついていたら

図19-1：「オデッセイ」に搭載されたさまざまなエアバッグ
2008年10月発売のオデッセイの一部車種には、運転席と助手席のエアバッグだけではなく、側面衝突の際の安全性を高めるサイドエアバッグとサイド・カーテン・エアバッグが搭載されている。

絶対に成功はない。

ホンダでは、やる気や情熱、そして本当に納得して仕事をしているかどうかが常に問われる。特にイノベーションは、これまでにない未知の領域に挑戦するものなので、単に上司からの指示に従ってやっているようでは、到底実用化などできない。

9章で、入社して間もない頃にドアの強度試験に使う治具の寸法を間違えて設計したことを紹介した。五分の一スケールの図面の寸法を間違えて設計し、一つの部品が五倍の大きさになってしまった。当然使い物にならないので廃棄処分だ。その際、上司から「わざと間違えたのではないなら謝る必要はない。誰にでもあることなんだ。ただ、二度同じ間違いはするなよ」と言われた。腹に響いた。

その時、もう同じ間違いをしないと、強く思った。人は指示や規則で縛られるよりも、自分が腹の底から納得した方がモチベーションが高まる（図19−2）。こ

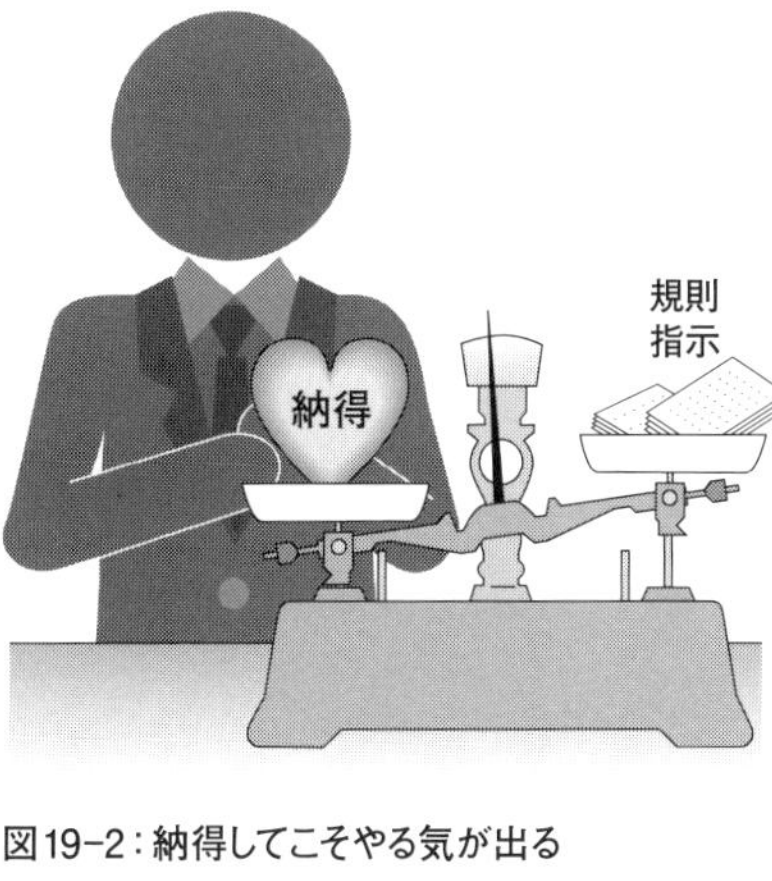

図19−2：納得してこそやる気が出る

れがあって以来、一回も設計で寸法のミスをしたことはない。徹底的に確認するようにしたからである。「エアバッグの開発をやめよう」と言われた時も、「絶対に実用化してやる」「自分ならできる」と強く思った。そして、実際に実用化したのである。

イノベーションにとって、こうしたやる気や覚悟はこの上なく重要だ。だから、リーダーはチームのメンバーのやる気を引き出さなければならない。そのために最も有効なのは、自分がやっている仕事を、人から言われたからではなく、自分の考えでやっていると実感してもらうことだ。ここでも、ワイガヤが大きな契機になる。

ワイガヤで誘導

エアバッグの開発が大詰めを迎えていた頃のことだ。実用化を見据え、エアバッグの開発チームには安全部門の技術者だけではなく、設計部門の技術者も加わってきた。その際、いかにして製造工程で信頼性を担保するかが課題になっていた。

例えば自動検査。エアバッグの故障率は自動車の平均寿命年数を通じて一〇〇万分の一以下を目指していたが、これには自動検査が必須だった。人による検査では、一〇〇〇回に一回ぐらいのミスがある。だから、エアバッグの生産工程では人による検査をなくし、装置を使った自動検査を導入する必要があった。しかし、自動検査装置の導入には投資が避けられない。著者は自動検査装置の導入を心の中で決めていたが、それはおくびにも出さず、ワイガヤを開催した。その時は、高信頼性を担保する生産プロセスをテーマにした。

信頼性とコストは土俵が違う

自動検査装置導入の最大の問題は、かなりの額の投資が必要になることである。エアバッグの生産台数が多ければ、その生産台数での割り算になるので、エアバッグ一個当たりの投資額が小さくなる。しかし、当時のエアバッグの生産見通しは、強気の予想でも一日二〇個、弱気の予想だと一日二個だった。これだと、エアバッグ一個当たりの検査コストは莫大な額になる。

通常、生産台数が少ない場合は人による検査を行うが、前述の通り、それだと検査ミスが起きる可能性が高い。もしエアバッグで不発や暴発が起きたら致命的だ。これでは堂々巡りになる。

ワイガヤの最中、設計部門の技術者に「おまえ、どう思う」と聞くと、黙っている。設計者は常にコストダウンを考えているので、コスト度外視という発想はないためだ。しかし、一日ずっと議論していると、「信頼性とコストは同じ土俵で比較してはいけないのかもしれない」と、言いだした。

その時、私は「おまえ、今、何かすごいことを言ったぞ。普段のクルマ造りでは信頼性とコストのバランスを取るのが普通だが、よく考えると同じジャンルではないというわけか。なるほど、比較してはいけないのか。おまえ、頭がいいな。うちのチームに来たときから、ただ者じゃないと思っていたんだ」とおだてた。

こうした議論を三日三晩続け、「ムダなお金を使ってはいけないが、高信頼性を実現するためにはやれることは全てやろう」という結論に落ち着いた。これは洗脳しているわけではない。議論を尽くすと、結論は落ち着くべきところに落ち着くものなのだ。

ここで重要なのは、その結論が人から言われたものではなく自分で考えたものということである。自分が心の底からそう考えているので、設計の部署に戻って上司から「こんなにコストを掛けて、何のつもりだ」と怒鳴られても、堂々と「それは必要なコストです」と主張してくれる。こうして、自動検査装置を無事導入できた。幸い、エアバッグは爆発的に普及したので、自動検査装置への投資などすぐに回収できた。

チームを鼓舞する

なかなか日の目を見ない開発プロジェクトを担当していると、当然ながらいいことばかりではない。今でもよく覚えていることだが、エアバッグの開発初期の頃に、こんなことがあった。新車開発を担当している同年代の若い技術者が来て「おまえら、ボーナスは要らないな」と言うのだ。彼いわく、「新車を世に送り出すということは、商品に責任を持つということ。品質で問題が起きれば責任になるから、リスクを背負っている。それに対して研究開発のおまえらにはリスクがない。好きなことをやっていればいい。スケジュールの縛りもないので暇。だから、おまえら、ボーナスなしだ」。

その技術者が何を意図してそんなことを言ったのかは分からないが、言われた方は暗い気持ちになる。何しろ、成果がないのだ。似たような話がチームのメンバーにも結構あって、元気をなくすこともあった。そんなときは、「安全は絶対必要だ。世界で毎日三〇〇人が亡くなっているのだ。ホンダがやらないでどうする」とみんなを鼓舞し続けた。特に、開発責任者になってからは毎日話していた。

時々、「エアバッグなんて誰でも開発できたはずだ」と言われることがある。これには腹が立つ。冗談じゃない。私にしかできなかったとは言わない。確かに他の人でもできたと思う。しかし、誰にでもできたわけでは、決してない。

完璧な技術・製品はなく問題は必ずある

俺は、2000年から2005年までホンダの経営企画部長を務めていた。その間に多くのIT会社が基幹情報システムの売り込みに来た。どの会社に対しても「あなたたちのシステムの問題点は何ですか」と聞いた。

この質問は、ホンダでは定番だ。その背景には、「どんな技術や製品、システムや手法でも100点満点のものはない」という考えがある。だから、何が問題点なのかを常に考えなければならない。

この考え方の基はおやじだ。おやじは何か売り込みに来たら、「問題点が絶対にあるはずだから、『問題点は何ですか』と聞け」と、常々言っていた。そして、問題点をきちんと把握し、「今後、こうやって直していくという計画がある会社とだけ付き合え」と強調していた。

「問題点は何ですか」という問いに対して、全てのIT会社の担当者はけげんそうな表情を浮かべ、中には「質問の意味が分かりません」と言うところもあった。問題点など考えたこともないようだ。そんな会社とは付き合えないと断った。

「ホンダは、うるさいからやめよう」と思われたのか、どの会社も二度と来なかった。自分たちの技術・製品の問題点が分からないおまえ、バカヤローだ。

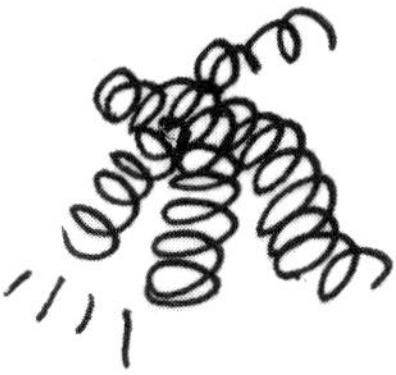

20章

価値の見える化

ここでのポイント

◎ マップを描くと、価値の具体的な内容が浮かび上がる。

◎ 対象が漠然としている段階でマップを作る場合は、細部にはこだわらず全体像を重視する。

◎ 全体像が分かれば技術開発の方向が見えてくる。

#【マップを描いて新しい価値を探る】

新しい価値を創造するイノベーションは、広大な領域をサーベイしなければならないという点で、「手掛かりがほとんどない中で、釣りたい魚（新しい価値）がいる湖を探す」ことに似ている。ここでは、マップを描いて湖を探す、つまり何が新しい価値となり得るのかを探る手法について解説したい。

多様で多層の価値を表現

クルマの価値は、運動性能や快適性、安全性など極めて多様であり、加えてクルマ全体の価値から部品やユニットが担う価値という具合に多層的でもある。これを一つのマップに表現できればクルマの価値の全体像が一目で分かり、開発の方向も見えてくる。

その一例を紹介しよう（図20−1）。これは、一九九〇年ごろに著者が中心となって三日間で作った、今後のクルマの進化を示すマップだ。二〇年前のものだが、今でも使える内容になっている。ホンダではこうしたマップを「価値技術マップ」と呼ぶ。

「人馬一体」といわれるように、クルマも人と一体になることが究極の姿と考えた。それには、運転者の操作にクルマが生き物のように反応する技術（生体機能技術）が必要である。そこで、マップの中心に、「生体機能技術クルマ」を置いた。これと、クルマの総合価値である「ＦＵＮ（走る楽しさ）」がつながっている。

マップの外周には、クルマの七つの価値要素である「容易性」「安全性」「クリーン」「高効率」「省時間→快適時間」「快適性」「運動性能」を配置した。各価値要素からは、中心の生体機能技術クルマに向けて帯状の流れがあり、その上に具体的な個別技術が配置されている。中心に近いほど未来の技術となる。そして、これら新技術を開発していく際の基本技術として、新素材とＩＴの二つを据えた。

このような広範囲のマップを描くときには、あまり厳密性を求めてはいけない。特に、未来の技術に関してはそうだ。例えば、安全性の帯の中心近くにある予感センサは、全く実態はない。

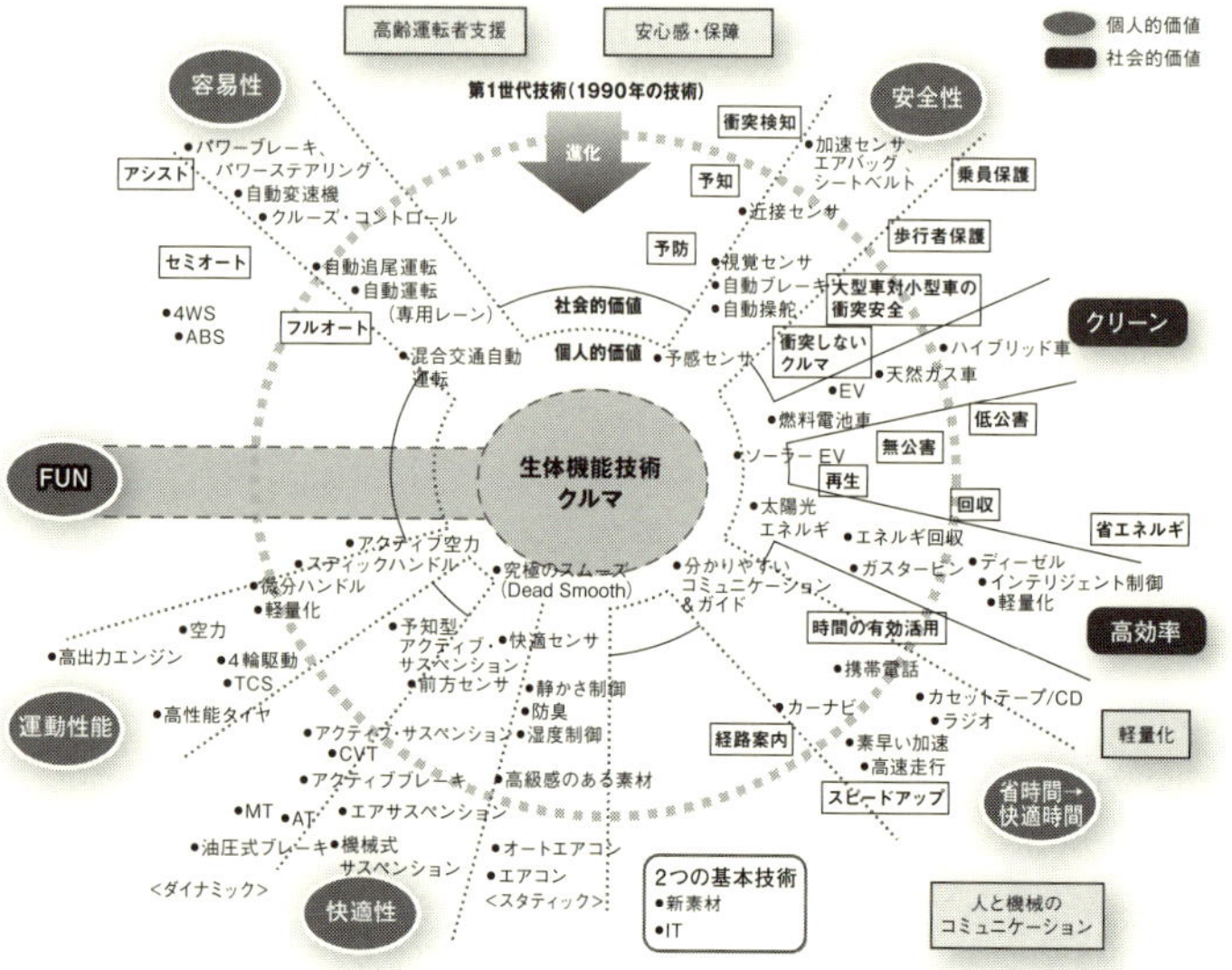

図20-1：1990年ごろに作成したクルマの進化の道筋

図の周辺の四角で囲った「高齢運転者支援」「安心感・保障」「軽量化」「人と機械のコミュニケーション」の4項目は1990年以降に急速に高まった価値要素なので、追記として図に加えた。軽量化は1990年当時も重要だったが、8つめの価値要素として加えるほどではなかった。図中に使われている略字の意味は以下の通り。4WS：4輪操舵、ABS：アンチロック・ブレーキ・システム、TCS：トラクション・コントロール・システム、CVT：無段変速機、MT：手動変速機、AT：自動変速機、EV：電気自動車。

衝突する予感を感知して衝突を回避するというのがコンセプトだが、予感は非科学的なので皆さんは予感センサを絵空事だと思うかもしれない。

しかし、これは入れておかなければならない。なぜなら、このマップは技術そのものではなく、価値となる技術を描くためのものだからだ。価値を実現する技術ならば、たとえ技術的な裏付けがなくてもマップ上に置いておく必要がある。それによって、ニーズとそれを解決する価値が明確になるからだ。

このようなマップを作ると、各技術項目の位置が違うと指摘する人が必ず出てくる。例えば、「『クリーン』の帯で電気自動車（ＥＶ）と燃料電池車の位置が逆だ」などといった指摘である。しかし、このマップは開発計画ではないので、位置の厳密性はさほど必要ではない。細部を詰めるよりも全体像を浮かび上がらせることの方が重要なのである。

マイナスの価値も意識

価値技術マップは、既にあるものを修正するのは簡単だが、白紙の状態から作るのは難しい。個別の技術に対する理解はもちろん、マップの構造（この場合は中心に在るべき姿として生体機能技術クルマを置き、周辺に七つの価値要素を配置するという構造）から考えなければならない。さらに言えば、在るべき姿として生体機能技術クルマが適切か、価値要素は七つで必要かつ十分か、基本技術が新素材とＩＴでよいか、などは相当な議論が必要なテーマである。

それにもかかわらず、著者たちはわずか三日間でこの価値技術マップを作り上げることができた。なぜか。実は、価値技術マップを作るためではなかったが、その基になる多種多様な「価値マップ」を既に作っていたからだ。この二つのマップは、名前こそ似ているが中身は大きく違う。

価値技術マップがクルマの価値の全体像を示すものであるのに対して、価値マップは個別の部品やユニット、個別の技術を対象にして、そこに隠れている価値を見いだすためのもの。ホンダでは、何か課題が出てきたときや頭を整理するために価値マップを作る習慣があるのだ。

シートベルトを例として価値マップの作り方を紹介しよう（図20-2）。シートベルトの価値は安全性の向上だが、一方で拘束されて不快というマイナスがある。そこで、安全性を縦軸、快適性を横軸にして価値マップを描いていく。

例えば、レーサーが使う四点式のシートベルトは、安全性は高いが快適性は低い。一方、シートベルトをなくせば快適だが、安全性は大きく低下してしまう。その二つの間に、普段は軽く緩んでいて衝撃が加わるとしっかり拘束する技術など、多種多様な技術を入れていく。これがシートベルトの価値構造の基本になる。

次に、横軸を技術的な実現可能性や重量の増加量などに変えて、新しいマップを描いていく。シートベルトだけではなく、エンジンやサスペンション、ブレーキなど、ありとあらゆる部品、ユニット、技術が対象になる。こうしてマップを作って見える化すると、今まで気付かなかったものが見えてくることが多い。

価値マップを作る際の勘所を幾つか紹介しよう。まず、価値にはプラスとマイナスがあるということを頭に入れておくことだ。プラスの価値を増やすことは比較的考えやすいが、マイナスの価値を減らすという発想は出てきにくい。例えば、死傷事故を減らすエアバッグはマイナスの価値に着目した典型例だ。

次に、在りたい姿を意識すること。最終目標をイメージできれば、価値の方向性が明確になる。三つめ

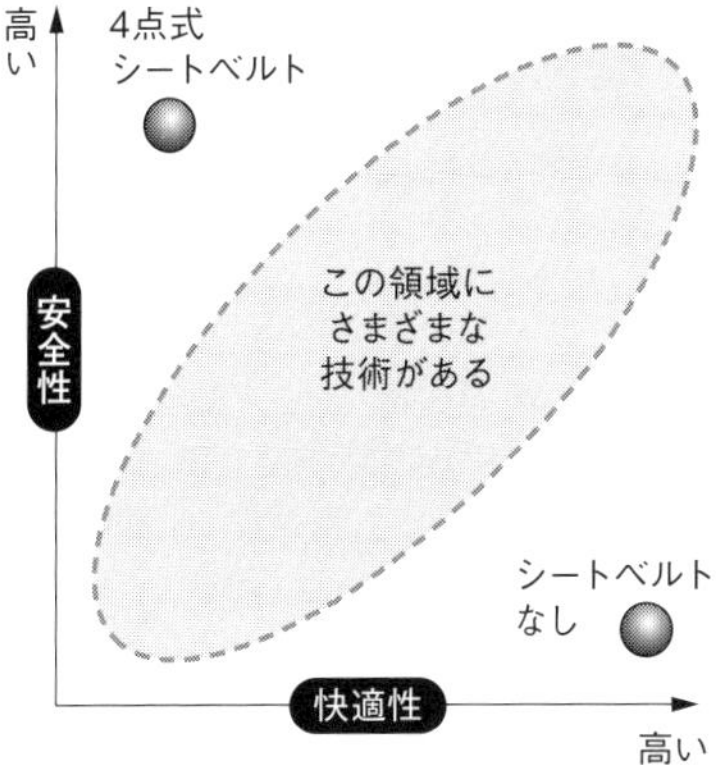

図20-2：価値マップのイメージ

は、マップを定型化しないことだ。技術や分野ごとに価値は千差万別なので、それに応じて縦軸と横軸に何を選ぶかを考える必要がある。最後は、新しいことに注目すること。時代は動いているので、顧客のニーズも技術も常に新しくなっているからだ。

顧客が変われば価値観も変わる

では次に、米国人の将来価値観を考えた例を紹介する（図20－3）。これは米国駐在中の一九九三年に作ったもので、マップにまで仕上がってはいないが、見える化という意味でマップと同じ考え方に立っている。二〇〇〇年に向けての価値観の変化を考えたものなので今となっては情報としての価値はないが、考え方の参考になればと思う。

図は、（A）～（D）の四つの基本項目から、図の右下に描いた「クルマの変化」と「ビジネスの変化」を導いたものである。（A）～（D）はフェーズが異なり、それらの関係も明確ではないが、価値観の変化といった漠然としたものを考える際にはフェーズをそろえたり関係を固定化したりすることにこだわらない方がよい。

図の左上にある「（A）人々の価値観に影響する主ファクター」は、当時の明確な事実である。

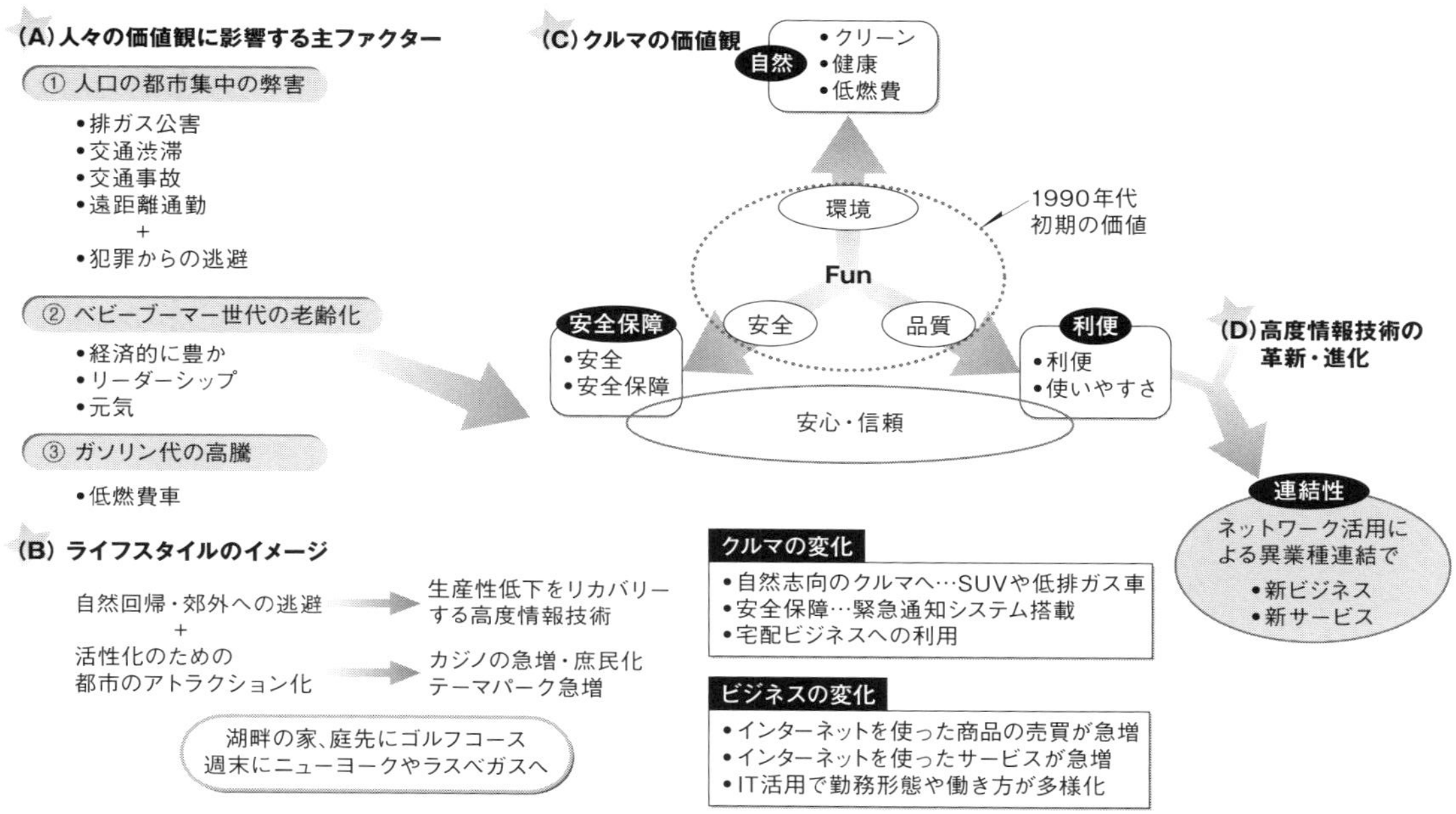
(A) 人々の価値観に影響する主ファクター
① 人口の都市集中の弊害
•排ガス公害
•交通渋滞
•交通事故
•遠距離通勤
+
•犯罪からの逃避
② ベビーブーマー世代の老齢化
•経済的に豊か
•リーダーシップ
•元気
③ ガソリン代の高騰
•低燃費車
(B) ライフスタイルのイメージ
自然回帰・郊外への逃避
+
活性化のための
都市のアトラクション化
生産性低下をリカバリーする高度情報技術
カジノの急増・庶民化
テーマパーク急増
湖畔の家、庭先にゴルフコース
週末にニューヨークやラスベガスへ
(C) クルマの価値観
自然
•クリーン
•健康
•低燃費
環境
Fun
安全
品質
1990年代
初期の価値
安全保障
•安全
•安全保障
利便
•利便
•使いやすさ
安心・信頼
(D) 高度情報技術の革新・進化
連結性
ネットワーク活用による異業種連結で
•新ビジネス
•新サービス
クルマの変化
•自然志向のクルマへ…SUVや低排ガス車
•安全保障…緊急通知システム搭載
•宅配ビジネスへの利用
ビジネスの変化
•インターネットを使った商品の売買が急増
•インターネットを使ったサービスが急増
•IT活用で勤務形態や働き方が多様化

図20-3：1993年ごろに作成した米国人の将来価値観

①人口の都市集中の弊害、②迫りくるベビーブーマー世代の老齢化、③ガソリン代の高騰、などだ。

この三つのファクターによって大規模な都市から郊外への人口移動が起きるため価値観も大きく変化する。そこで、「(B)ライフスタイルのイメージ」として「湖畔の家、庭先にゴルフコース」と考えた。ただし、それだけだと刺激に欠けるので、「週末にニューヨークやラスベガスへ」出掛ける人が多くなるとした。

一方、「(C)クルマの価値観」も変わる。一九九〇年代のクルマの中核の価値は、FUNを前提とした「環境」「品質」「安全」だった。前述の(A)と(B)を考えると、二〇〇〇年に向けてはその三要素が広がり、「環境」は「自然」に、「品質」は「利便」に、「安全」は「安全保障」にまで発展する。そして、安全保障と利便は一つになって「安心・信頼」というキーワードになる。

一方で、それとは別の流れがある。「(D)高度情報技術の革新・進化」だ。そこからは「連結性」が重要なキーワードとして浮上し、ネットワーク活用による異業種連結で、「新ビジネス」と「新サービス」が生まれてくる。

最終的にたどり着いた結論は、クルマは二〇〇〇年に向けて、①SUV（スポーツ・ユーティリティー・ビークル）や低排ガス車などの自然志向のクルマが好まれるようになる、②事故時に自動通報する無線システムを搭載したクルマが出てくる、などだ。

一方、新ビジネスとしては、「インターネットを使った商品の売買やサービス」が急増すると考えた。米国でアマゾン社が設立されたのが一九九五年なので、一九九三年段階でインターネット関連ビジネスへ注目したのはかなり早い方だった。

ここまで、クルマの価値技術マップ、部品や技術の価値マップ、米国人の将来価値観の分析について紹介してきたが、こうした中長期の将来見通しは、イノベーションに挑戦するに当たってとても重要になる。これがないと、技術開発の方向を間違える可能性が高くなるからだ。

一方、将来見通しがあれば、たとえそれが間違いであっても傷が浅い段階で修正が必要なことが分かるので、そのまま進むことはない。漠然とした将来見通しの下で技術開発を進めると、その方向が正しいかどうかが判断できない。極論すれば、まぐれ頼みの技術開発になってしまう。もちろん、まぐれに頼ったイノベーションが成功することなどあり得ない。

21章 開発から量産への壁①
——連携

ここでのポイント

◎ 新しい技術は、お客様に広く使ってもらえるまでは未完成である。

◎ 新しい技術の量産では、研究開発と工場が密接に連携して生産プロセスを確立する。

◎ その際、研究開発側は工場の価値観に敬意を払う必要がある。

「エアバッグはマムシぐらい大嫌いだ」

開発した技術は、お客様に届けて初めて価値を発揮できる。だから、技術を完成させただけでは道はまだ半ばだ。エアバッグの場合は、事故の際、どれだけ多くの乗員を助けられるかによって価値が決まる。つまり、救命性の高いエアバッグを開発するだけではなく、それを大規模に量産して広く普及させなければならない。

そのためには低コスト化が必須だ。しかし、エアバッグのような特殊な装置、すなわち、故障率一〇〇万分の一以下という装置に初めて挑戦するようなプロジェクトでは、まず開発段階でつくり込んだ故障率一〇〇万分の一以下を、量産品として確実に実現することが最重要となる。低コスト化は品質を確保した後に取り組めばいい。この順番を決して間違えてはいけない。

量産段階になると、研究開発部門だけではなく、造ってくれる工場、部品を供給してくれるサプライヤー、そしてエアバッグ搭載車を売ってくれる営業部門との連携が必要になり、関わる人が一気に増える。

この際には、技術を丁寧に説明することが当然ながら必要だが、加えて相手の立場に配慮した気遣いや気配りが欠かせなくなる。ここからの2章は、新技術の量産をテーマとしたい。ここでは生産現場との連携について紹介する。その前提として、量産化前後の状況の説明から始めたい。故障率一〇〇万分の一以下は、工場にとっても初めての経験になる。つまり、究極の製造品質を実現しなければならない。当然ながら簡単なことではないのだ。

役員は全員反対

エアバッグは、一九八五年から米国で始めた計一三〇台の実車搭載試験を無事に終え、技術的にはほぼ完成していた。そこで、一九八六年秋に量産と商品化がホンダの経営会議に諮られた。前にも紹介したが、ここでもすんなりと量産の許可は得られず、十数人いた経営会議メンバーのうち三分の一が大反対した。暴発や不発のリスクを恐れてのことだ。残りの三分の二の役員からも賛成の意見はなく、実質的には反対という雰囲気だった。これでエアバッグは終わりだと覚悟した。なにしろ、一人の味方もいないのだから。

そのとき、当時ホンダの社長だった久米是志さんが「小林さん、エアバッグを量産すると、あなたがやってきた高信頼性技術はホンダに残りますか」と聞いてきた。私はとにかく必死で「残ります、絶対残ります。エアバッグは故障率一〇〇万分の一の技術です。クルマの通常の機械部品の故障率は一〇〇〇分の一程度、ブレーキなどの重要保安部品でも一万分の一～一〇万分の一。それを一～二ケタ上回る高信頼性技術がホンダに確実に根付きます」と答えた。

それを聞くと、久米さんは会議メンバーをぐるりと見渡して言った。「分かった。エアバッグの高信頼技術は、お客様の価値である品質の向上につながる。よし、やろう。皆さんよろしいですね」。この一声で、エアバッグの量産が決まったのだ。

量産化プロジェクトは波乱の幕開け

経営会議でエアバッグの量産にゴーサインが出ると、すぐに量産のためのプロジェクトが立ち上がった。プロジェクト名を付けていいと言われたので「ＳＢプロジェクト」と命名した。これは「Safety bag」と「三郎（著者の名前）バッグ」の両方の意味を込めたものである。

著者はこのプロジェクトの本田技術研究所側の責任者になり、全体の総責任者は、当時、ホンダの常務取締役で埼玉製作所所長の大塚伸之さんと決まった。量産は生産部門が主役なので、生産を担当する狭山工場を傘下に持つ埼玉製作所のトップが総責任者になったのである。

読者の皆さんはお気付きだろうか。大塚さんは、ホンダの常務取締役なので、エアバッグの量産の可否を決める経営会議に出席していた。会議では久米さん以外の全役員が反対だった。ということは当然、その中にいた大塚さんも…。

ＳＢプロジェクトをスタートするに当たって、挨拶に大塚さんの部屋を訪ねると、著者の顔を見るなり大声でこう宣告した。「俺はよ、エアバッグは、マムシみてぇに大っ嫌いだからな」。いきなりガツンと来た。エアバッグの量産プロジェクトは波乱の幕開けとなったのである。

思い付ける故障は必ず起こる

そして、狭山工場の生産技術や製造の技術者たちとの共同作業が始まった。初めて造るものなので、生産側には今までの蓄積がない。だから、生産工程の基本は開発側で考え、それに生産側が持っているノウハウを加えていくという進め方だ。その際、エアバッグの設計の考え方や、基本構造、高信頼性を確保するためのアプローチを、事あるごとに工場の技術者たちに詳しく説明した（図21-1）。造る側がエアバッグの仕組みを理解し、大丈夫だと思ってくれないと話が始まらないからだ。

エアバッグの設計における基本は、システムを可能な限りシンプルにしておくことだ。高信頼性を保つには「Simple is the best」なのである。そのためには部品数を最小限に抑え、それらの接続箇所も極力少なくする。例えばケーブルリール。これは、ハンドルの中央部に設置しているエアバッグと、クルマ本体に設置している制御ユニットや加速度センサとを接続するための部品だ。ハンドルは回転するので、単純にケーブルで接続することはできない。

当時、海外メーカーが限定的に販売していたエアバッグでは、回転軸に金属環を付け、そこに特殊合金の棒を金属のばねで押し付けて導電性を確保するという方式を採っていた。これだと、いくらばねで押し付けておいても、ばねが折れたり金属環上にゴミが付着したりしたら接続が切れてしまう。故障率一〇〇万分の一以下を前提にすると、思い付ける故障は必ず起こると考えていた方がよい。

これに対してケーブルリールは、渦巻き状のケーブルが内部に設置してあり、ハンドルが回ると、その渦巻状のケーブルがゼンマイのように緩んだり締まったりする。もともとは宇宙分野の技術で、ハンドルにあるエアバッグと、クルマ本体にある制御ユニットが常に直結しているため、信頼性が高い。こうしたエアバッグの構造を、工場の技術者たちに逐一説明していった。

システムの故障率が一〇〇万分の一以下であることについて、実験的に証明で

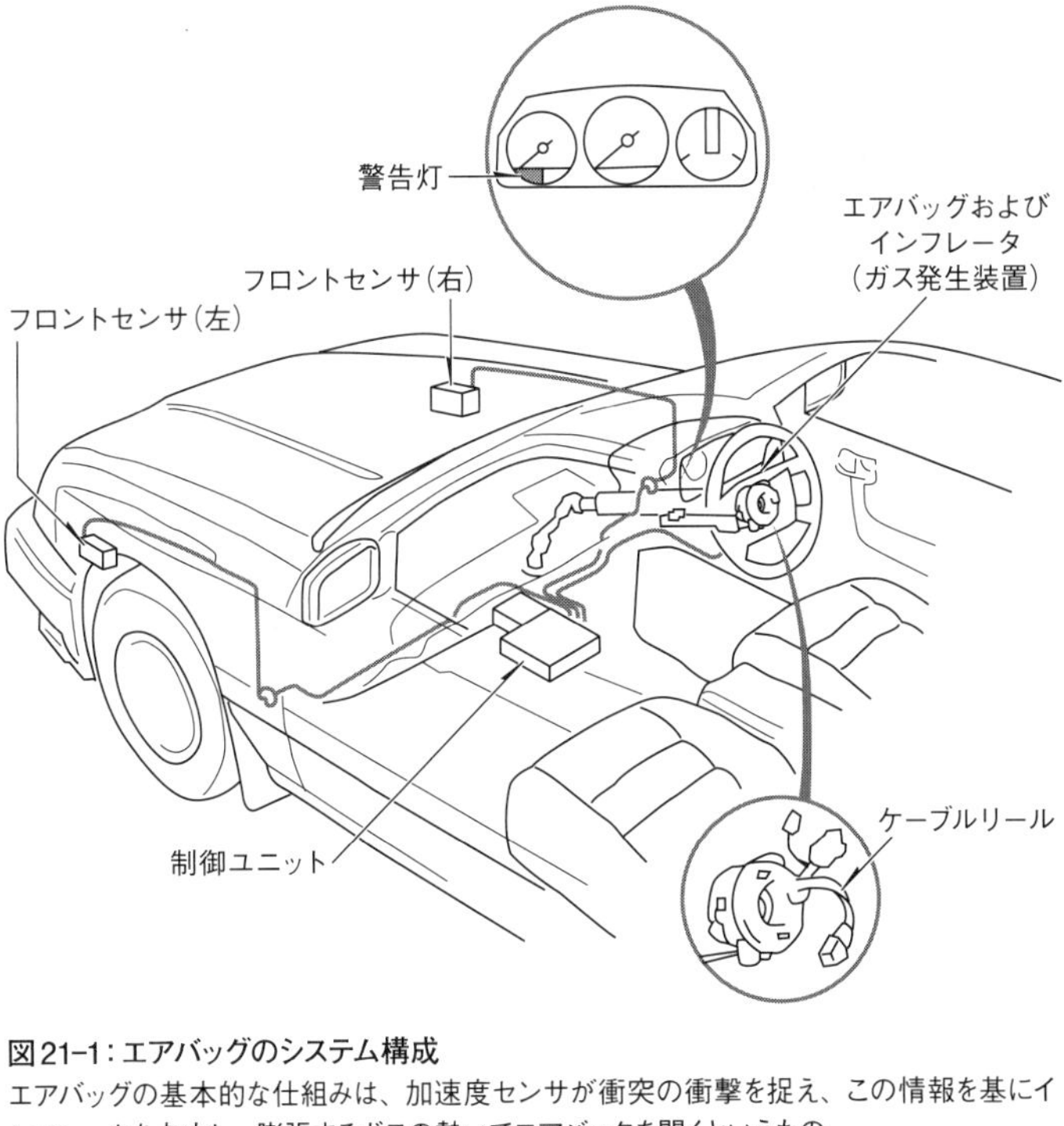

図21-1：エアバッグのシステム構成
エアバッグの基本的な仕組みは、加速度センサが衝突の衝撃を捉え、この情報を基にインフレータを点火し、膨張するガスの勢いでエアバックを開くというもの。

きないということも話した。故障率を確認するには、統計的に約七割のサンプルが必要になるからだ。一〇〇万分の一以下とは、一〇〇万台のクルマにエアバッグを搭載し、当時の平均寿命年数である一五・六年走らせた際に、暴発や不発が合わせて一件以下ということである。これを実験で確認しようとすると、一〇〇万台の七割に当たる七〇万台のクルマを一五・六年走らせなければならない。これでは、とても証明できないわけだ。

そのため、エアバッグでは故障率一〇〇〇分の一のユニット二つを並列に組んで冗長系を構成している。例えば、衝突を検知するための加速度センサは車体前部と室内下部に設置しているが、それぞれ二個一組として合計四個設置している。これなら一方が故障しても、もう一方の部品が正常に働く。

当時、量産を準備していたエアバッグでは、加速度センサとしてローラマイト式センサを採用していた（**図21-2**）。これは、巻き板ばねでローラを進行方向に対して後方に押し付けておくもので、加速度が加わるとローラが巻き板ばねの圧力に打ち勝って前方に動き、接点が閉じられることで衝突を検知する仕組みだ。

このセンサは、信頼性試験によって故障率が一〇万分の一から一万分の一であることを確認していたが、一〇〇万分の一以下という目標には達していなかったので二つを並列に組んだ。

さらに、故障診断回路を組み込んだ（**図21-3**）。最も可能性が高い故障モードは、ばねの破損と考えられた。そこで、ばねに電流を通じておき、破損すると電流が途絶えるようにした。電流が切れると、速度メータの脇にある警告灯が点灯する仕組みだ。センサが故障するとエアバッグが機能しなくなるが、その段階では大きな問題は起きて

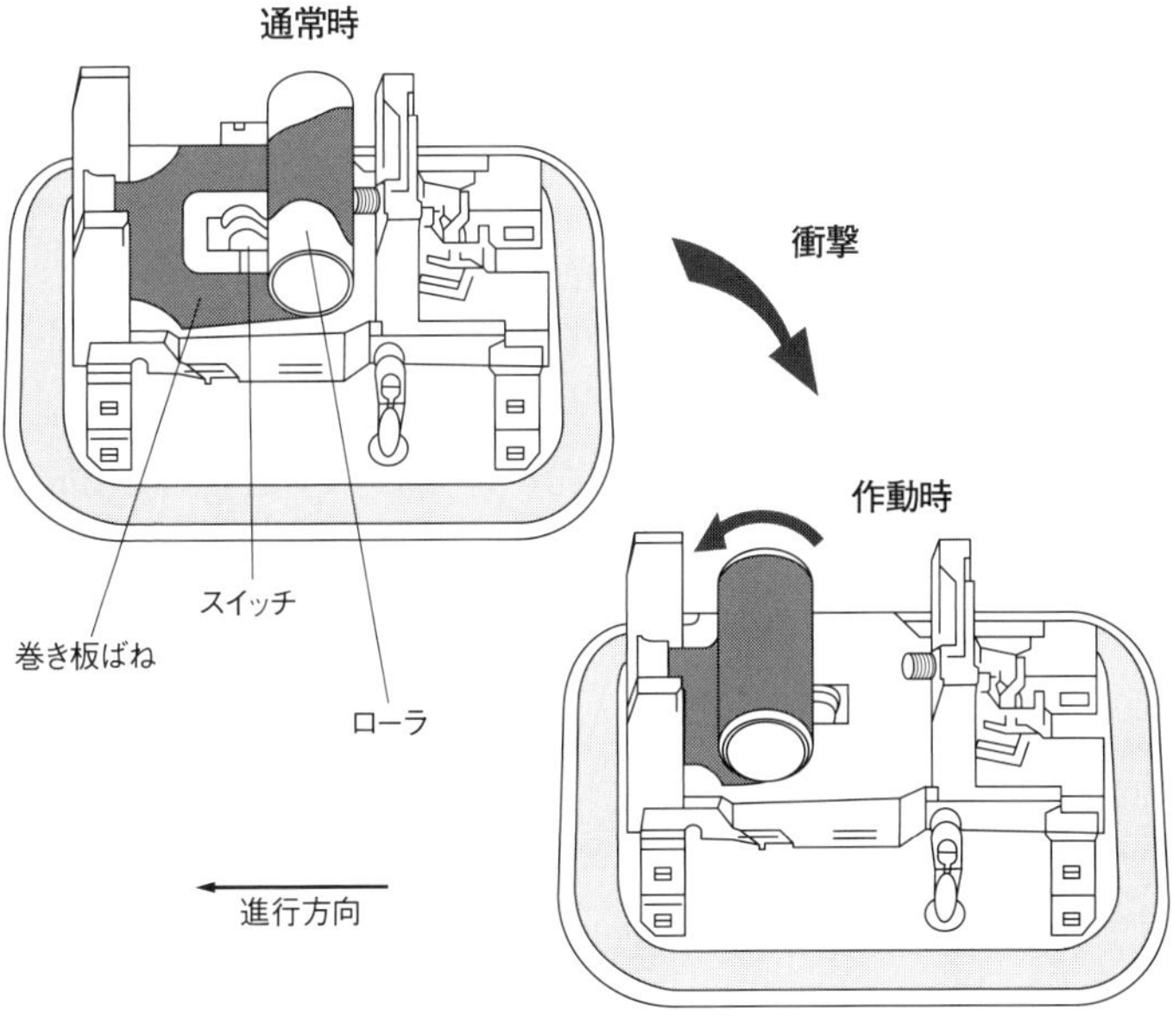

図21-2：当初利用していたローラマイト式センサ
衝撃が加わると、ローラが進行方向に対して前方に転がってスイッチが入る仕組みだ。現在は半導体センサが使われている。

いない。その故障に気付かないまま衝突事故が起きたときに問題が顕在化するのだ。だから、その前に警告を発する仕組みを導入したのである。

こうしたエアバッグの信頼性の考え方をしつこいくらい、工場の技術者たちに説明した。工場の技術者たちは、新たな生産工程の確立に積極的に取り組んでくれた。大塚さんの「マムシぐらい大嫌いだ」という発言からスタートを切った量産プロジェクトは比較的に順調に進み始めた。

それには、著者が工場に対して敬意を持っていたことが大きな要因の一つだったかもしれない。敬意とは何か。当時の工場は職人気質で、理詰めの話が通じないことも多かった。酒の席に誘われたら、飲めないのだが必ず付き合うし、世話になったら心を込めてお礼を言う。こうして信頼関係を築いていった。

それに加えて、相手の価値観を尊重することが特に大切だ。例えば、狭山工場の組立課長に呼

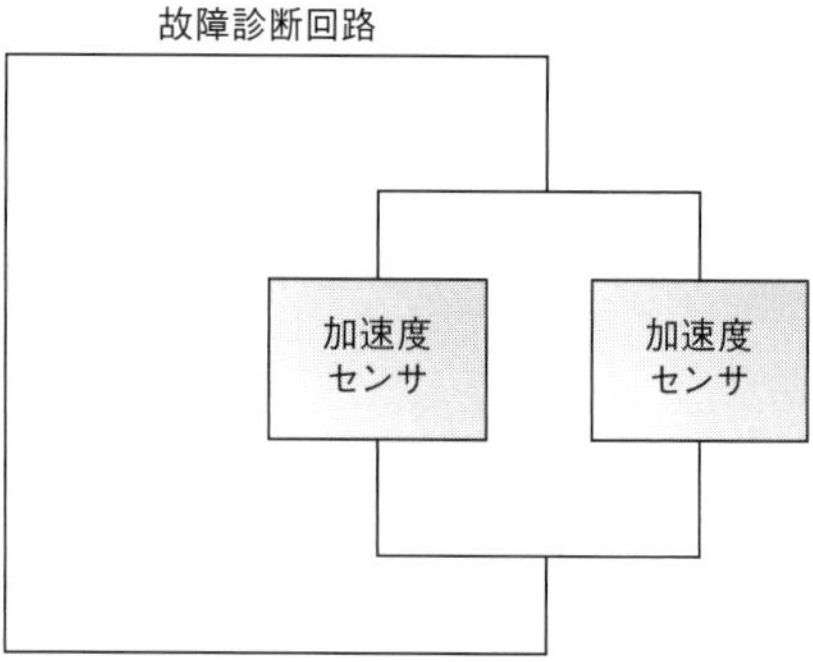

図21-3：センサには故障診断回路を組み込む
ローラマイト式センサの巻き板ばね部分には常時電流を流しておき、破損などが起きて電流が途絶えた際には、警告灯が点灯するようになっている。

び出されて「『レジェンド』にエアバッグは載せない」と宣告されたことがある。

開発の論理と工場の論理

事の発端は、エアバッグの主要な部品に対して、トレーサビリティーを取ろうとしたことである。もし、エアバッグの暴発や不発につながる可能性がある部品に不良が発生しても、トレーサビリティーを取っていればすぐに該当する車両を特定できる。

具体的には、主要部品の一つひとつにバーコードを貼り付けて、それをコンピュータに読み込んで管理するというシステムだ。今なら五万円のパソコンでシステムを組めるが、一九八六年当時は、オフィス・コンピュータで対応するしかなかった。すると六〇〇〇万円掛かってしまう。これをエアバッグ一台当たりに換算すると、一万数千円のコストアップになる。

それを知った組立課長が著者を呼びつけたのである。そのとき、「安全性を高めるためにコストが掛かるのはしょうがない」などとは決して言ってはならない。それは、研究開発の論理だからだ。そんなことを言えばけんかになる。

ホンダの工場は、今でも五〇銭単位でコストを削っている。五〇銭コストダウンして一〇〇万台造ると五〇万円の利益になる。一〇〇円コストダウンすると一億円の利益になるから表彰状が出る。こうした地道な努力と工夫を続けている。

それが、エアバッグ搭載車に限るとはいえ、いきなり一万数千円のコストアップだ。しかもそのコストは、本田技術研究所ではなく、狭山工場にのしかかってくる。そんな状況で「コストが掛かるのは当たり前」などと言うことは、彼らの日ごろのコストダウンの取り組みを真っ向から否定することに他ならない。こうした状況では、工場の価値観を尊重しなければならないのだ。

とはいえ、トレーサビリティーは絶対必要なので、ここでも「世界で毎日三〇〇人の方が交通事故で亡くなっています。それを知っていながらエアバッグをやめるわけにはいきません」と繰り返した。これはまさに戦い。量産に向けては、こうした戦いが何回も繰り返された。そして、深く話すと、工場もこの正論を納得し、協力してくれた。

大塚さんは、その後はほとんど口を出さなかった。ものづくりをよく分かっている大塚さんは、故障率一〇〇万分の一以下の量産がどれほど困難なことかをよく知っていたのだと思う。それにもかかわらず、経営会議で反対したプロジェクトの総責任者のお鉢が回ってきたのだ。

それにしても、あのマムシ発言は何だったのだろう。今でもよく分からない。それを聞いた時にひっくり返るくらい驚いたが、悲観はしなかった。当時はエアバッグの開発に関わって一五年たっており、さまざまな修羅場をくぐってきていたからだ。「これは大変なことになりそうだ」と思いながらも「ああ、この人は正直な人だな」と、ある種の爽やかさを感じた。大塚さんに本音と建前の違いはない。そして、大塚さんはエアバッグの量産化プロジェクトにおいて、総責任者としてすべきことを確実にやってくれた。

技術で遊んではいけない

「長い間の研究でこんないい材料、こんないい技術ができました。でも何に使ったらよいか分かりません。お知恵を貸してください」と頼まれることが間々ある。何か勘違いをしていないか。技術開発はお客様の価値を実現するため、という原点を忘れているからそんなことが起こるのだ。俺は、顧客価値の実現を考えていない技術開発は、単に技術で遊んでいるにすぎないと思っている。確かにある技術テーマを決めて研究したり開発したりすることは面白い。今までできなかったことが可能になったり、新しい現象を発見したりできるからだ。すると、いつの間にか研究や技術開発そのものが目的になってしまう。

科学者ならそれでいいかもしれない。科学の目的は真理を探究することなので、研究自体が目的であっても一向に構わない。その代わり、すぐに役に立つことはほとんどない。うまくいけば 100 年後、200 年後に役に立つという程度だ。だから、俺流の科学者の定義は「お金を使う人」。科学者になりたい人は、国立の研究所か大学に行った方がいい。その方が、個人にとっても企業にとっても良い結果を生む。

一方、エンジニアの定義は「お金を稼ぐ人」だ。業界によって期間は違うが、イノベーションの分野でも、5 年から長くても 30 年で価値を実現しなければならない。技術者は、技術で遊んでいてはダメだ。真理の探究というと何か高級なイメージがあるが勘違いしてはいけない。技術者の本分はあくまでも価値づくりである。

ホンダでは、いかに基礎的な研究であっても、実用化を常に意識している。エアバッグは量産まで 16 年かかったが、俺はいつも実用化を考えていた。プロジェクト・リーダーになってからは特にそうだ。顧客価値を考えずに技術で遊んでいるおまえ、バカヤローだ。

22章 開発から量産への壁②
――サプライヤー

ここでのポイント

◎ イノベーション分野の技術開発は、サプライヤーとの共同作業である。

◎ サプライヤーごとに事情や経営判断は異なる。

◎ サプライヤーの協力を取り付けることも技術者の重要な仕事である。

【自らが動かないと何も始まらない】

クルマのように膨大な数の部品から組み立てられる製品は、自動車メーカーだけで造れるものではない。多数のサプライヤーの協力があって、初めてクルマは出来上がるのだ。これは、部品の供給という製造面だけではなく開発でも同じである。自動車メーカーとサプライヤーが協力しながら新しい技術や部品・ユニットを開発していく。

しかし、全く新しい技術や部品、ユニットの開発となると、事情はかなり特殊となる。通常の開発、例えば自動変速機（ＡＴ）を六速から八速にする開発は、具体的な車種への搭載を目指したものだ。変速機メーカーにとっては、搭載する車種がヒットするかどうかという不確定要素はあるが、「少なくとも搭載はされる計画」なのでリスクは小さい。ＡＴとは構造が全く異なる無段変速機（ＣＶＴ）の実用化も、技術的なハードルは高かったがリスクは限定的だった。ＣＶＴ

は自動変速機という範囲内の技術であり、燃費向上という明確な付加価値があるので、その付加価値に見合うコストを実現できれば普及の道筋は見えてくる。

ハイリスクでローリターン

ところがエアバッグは違う。当時は「シートベルトがあれば十分」という意見も多かった上、オプション装備としての開発だった。オプションなので搭載するかどうかはお客様次第。お客様がシートベルトで十分と考えたら全く売れない。しかも、もし供給した部品に欠陥があってエアバッグの暴発や不発が起きたら会社が潰れかねない。部品メーカーが「リスクは計り知れないほど高く、大きなリターンは期待できない」と考えても不思議ではない。著者は、「すぐに『シビック』の半分に装備される」と説明していたが、なかなか信じてもらえなかった。

前章で、ホンダ社内ですら、暴発や不発への懸念から久米是志社長以外の経営会議メンバーが全員反対だったことを紹介した。実は、サプライヤーの不安や懸念も、とても大きかった。ここでは、サプライヤーが協力してくれるように、どんなことをしたかについて、タカタを例にして紹介したい。

ご存知のように、タカタはエアバッグやシートベルト、チャイルドシートを世界中に供給する自動車部品メーカーだが、当時はシートベルトが主要事業だった。

「そんな危険な橋は渡れない」

一九八五年の初め、本田技術研究所の賀詞交歓会でのことだった。これは、エアバッグが「レジェンド」のオプション装備として発売された一九八七年六月の二年半前で、まだエアバッグの量産は決まっていなかった。賀詞交歓会に来ていたタカタの高田重一郎社長が、話があると言って著者を呼び出した。何か妙な雰囲気だった。すると、「小林さん、エアバッグから手を引かせてもらう」と言うではないか。「エアバッグの部品で何かあったら、タカタが潰れる。そんな危ない橋は渡れない」と、きっぱりした口調で宣告された。

正月気分は一気に吹き飛んだ。タカタは、エアバッグの中核部品であるバッグそのものを担当していたからだ。同社はもともとパラシュートの生地を造っていて、その技術を基にクルマのシートベルトに参入した。ちなみに、日本で最初にシートベルトを標準装備したのはホンダの「S800」(一九六〇年代末発売)で、それを製造したのもタカタだった。

バッグは、緻密に織った生地にゴム（現在はラテックス）をコーティングしてから立体的に縫製し、小さく畳み込んでいる。つまり「生地を織る」「コーティングする」「縫製する」「折り畳む」という四つの基本技術が必要になる。特に縫製は重要で、下手に縫うとバッグが開くときの膨張圧力で縫い目が切れてしまう。

当時、これら四つの基本技術を持っていたのはタカタだけだった。それなのに、経営トップが「やめる」と宣告してきたのだ。落ち込んでいても仕方ないので、他にバッグ本体を造れるメーカーがないかと探すことにした。イノベーションに向けては、必ずさまざまな問題が起こる。このとき、自ら動くことが大切だ。言い訳をしたり、不平や不満を言ったりするだけでは何も変わらない。

前述の通り、一社で四つの基本技術を持つのはタカタだけなので、プロセスを分けて造ろうと考えた。そのため、生地を織る技術を持っている企業やコーティング技術のある企業などを訪ね歩き、複数の企業の連携でエアバッグを製造する可能性を探った。それと同時にタカタにエアバッグの開発に再び参加してもらうための方策を考え続けた。

その間も在庫のエアバッグの試作品は、衝突実験などで使うためどんどん減っていく。実験できないと開発が進まないので、タカタでエアバッグの開発を担当していた浜村嗣《みつぐ》課長（後に常務取締役、現監査役）に「試作品だけでいいから内緒で造ってください」と頭を下げた。社長がやめると言うプロジェクトなので完全に手を引くのが普通だが、浜村課長は自分の裁量の範囲で試作品を造り続けてくれた。いわゆるアンダーグラウンドのプロジェクトとして対応してくれたのである。これで何とか実験を続けることができた。

カバーもお願いしたい

そして、開発がほぼ終わった一九八六年春の段階で、量産を視野に入れた取り組みを始めた。ホンダとして量産を経営会議で決めたのは同年秋だが、我々は先行して準備を始めたのである。通常、サプライヤーとの付き合いや交渉は工場の購買部門が担当するが、エアバッグは全く新規の装置なので研究所がサプライヤーと直接付き合っていた。

結局、タカタ以外のメーカーにバッグ本体を造ってもらう計画は全く進んでいなかった。どのメーカーも二の足を踏んでいたからだ。やはり、タカタに造ってもらうしかない。しかし、社長が経営判断としてやめると言っている以上、お願いしただけでそれが覆るとは思えなかった。

いろいろ考えた末、バッグ本体だけではなく、その上部（ハンドルの中心部）に設置されるポリウレタン製のカバーもお願いしようと決めた（**図22-1**）。そうすればタカタの売り上げも増えるし、ポリウレタン成形のノウハウも習得できる。

しかし、これは常識外れの案でもあった。確かにタカタにしてみればメリットはあるが、一方で、これまでカバーを造っていたメーカーから仕事を取り上げることになるからだ。

そのカバー部分を含めてハンドル全体を担当していたのは、テイ・エス テック（当時は東京シート）だった。著者はひた

図22-1：エアバッグのカバー
ポリウレタンの射出成形で生産する。

すら頭を下げた。土下座もした。「どれほど常識外れなお願いをしているかは、よく分かっています。申し訳ありません。タカタさんが手を引くと言っているので、何とかこのポリウレタンのカバーを譲ってください。もちろんハンドル自体は御社にお願いします」。「タカタさんしかないんです。もしタカタさんが戻ってくれなかったら、私の一五年は全くムダになってしまう」と必死で頼み込んだ。

これは、単にカバーの生産を譲るだけの話ではない。タカタはポリウレタン製のカバーを受注しても、それまでポリウレタンを扱った経験がないので造れない。だから、テイ・エス テックには製造の技術指導までお願いしたのである。同社にしてみれば、自分たちが長年かかって築いてきたポリウレタンの成形ノウハウをタカタに開示しなければならない。「指導もお願いします」。私は、土下座しながらお願いし続けた。

最終的には、テイ・エス テックはその申し出を受け入れてくれた。それで、タカタはアンダーグラウンドで試作品を造りながら、テイ・エス テックの指導を得てカバーの製造ノウハウを習得していった。

タカタの社長から突然の電話

しばらくたったある日、タカタの高田社長から直接電話がかかってきた。「小林さん、ちょっと会いたい。彦根（滋賀県彦根市）に来てほしい」。それだけ言うと電話が切られた。「ばれたか」と思って頭にカーッと血が上った。もう、高田社長の前でも土下座するしかない。そして、「エアバッグから手を引かないでください」と頼むしかない、と覚悟を決めて彦根に向かった。

駅に到着すると、そこには黒塗りのクルマが止まっていた。高田社長が乗っていて手をかざし、「小林さん、ちょっと乗ってくれ」と言われた。その後は一切口を利かない。話し掛けられる雰囲気ではなかったので私も黙っていた。クルマはかなりのスピードで走っていたが行き先は分からない。

着いたところは、タカタの彦根工場だった。高田社長は真新しい建物を指さして、「これ、新しく造ったから」と言った。「何ですか？」と聞くと、「エアバッグの工場」と平然と言う。参った。これには本当に参った。

詳しくは分からないが、高田社長は、担当の課長がバッグの試作品を造っていることやカバーの成形をやろうとしていることを知っていたのだと思う。そして、あえて黙認していたのではないか。加えて、タカタは米国に強力な情報収集ネットワークを持っていたので、米国の安全規制の流れが変わったことを把握していたのかもしれない。当時、米国では、販売するクルマに対してエアバッグかパッシブシートベルト*のいずれかを搭載しなければならないという規制が議論されており、この流れからエアバッグは普及する可能性が高いという経営判断をしたのだと思う。

エアバッグはタカタの主力事業に

後に量産が軌道に乗った段階で、著者はタカタに対して、バッグとカバーだけではなく、インフレータやセンサを加えたエアバッグのシステム全体を設計／製造する技術を身に付けることを強く勧めた。実際にタカタはその方向に進み、現在では運転席や助手席のエアバッグだけではなく、サイドやカーテンエアバッグなども製品化している。さらに、著者が直接関係したものではないが、二〇〇五年九月には、世界初の量産二輪車用エアバッグをホンダと共同開発した（**図22-2**）。

イノベーションによる全く新しい製品や技術は、企業にとって桁違いの成長をもたらす。これは、アンチロック・ブレーキ・システム（ABS）と比べるとよく分かる。ABSはクルマの安全性向上に大きく貢献したが、全く新しい製品とはいえない。あくまでもブレーキの進化と位置付けられる。造るのはブレーキメーカーだ。

ところが、エアバッグは全く新しい製品で、ホンダが量産するまでは、エアバッグメーカーは実質的には存在しなかった。最初はバッグとカバーで参入したタカタは、エアバッグシステムのメーカーとなり、直近の二〇一二年三月期では同事業で一六七〇億円を売

図22-2：世界初の2輪車用エアバッグが開いた状態
2005年9月に開発した。現在、排気量1.8Lの「ゴールドウイング」の一部車種に搭載されている。

り上げている。これは同社の全売り上げ三八二七億円の四三・六％（一六七〇億円）を占め、シートベルト事業の二八・七％（一〇九九億円）を大きく上回る。もちろん取引先はホンダだけではなく、世界の主要自動車メーカーが居並ぶ。タカタほど典型的ではないにしろ、ホンダのエアバッグの開発に参加した部品・材料メーカーの多くが、エアバッグ事業の恩恵を受けたのである。

＊ パッシブシートベルト　クルマに乗ると自動的に装着されるようにしたシートベルト。さまざまなタイプがある。例えば、左ハンドル車の場合、あらかじめ運転席の窓の前側上部と運転席のシートの右側をシートベルトで連結しておき、クルマが動きだすと窓の前側上部にあったベルトの接続部が窓上方に設置してある溝を伝って運転者の後方に移動することで、自動で運転者にシートベルトを装着した状態にする。本文で紹介した規制のため一九九〇年前後に米国で普及したが、エアバッグの低価格化が進んだことから現在ではほとんど採用されていない。

23章 哲学と想い

ここでのポイント

◎ イノベーションには絶対諦めない強い心が必要。

◎ イノベーションは“端っこ”から生まれて全体の価値をひっくり返す。

◎ イノベーションにはぶれない原点が必要。ホンダの場合は「三つの喜び」と「人間尊重」。

人を動かす大きな力

ここでは、なぜエアバッグの開発が成功したかについて考えてみたい。エアバッグの開発の道のりの中にイノベーションを成功に導く本質があると思うからだ。

まず、絶対に諦めなかったことである。みなさんには月並みなことに聞こえるかもしれないが、諦めないためにはくじけない心を持つことが必要であり、それはなかなかできることではない。特にエアバッグの開発は、一九八七年の量産開始まで一六年間もかかった。長い年月である。これを逆から見れば一五年間は成果がなかったということだ。この間、「絶対に実用化してやる」という強い心を持ち続けることは簡単ではなかった。何しろ、技術開発は遅々として進まない上、危機が次から次へと降り掛かってくるのだから。

これまでも、幾つかの危機を紹介してきた。米国での実車搭載試験の実施について、米アメリカン・ホンダモーター社のトップの雨宮高一さん（後のホンダ副社長）を説得したことや、主要部品のメーカーがエアバッグの開発から手を引くと宣告してきたこと、などだ。しかし、こうした危機は、開発や量産に向けての節目だけではなく、ことあるごとに起こった。中には思い付きとしか考えられないような開発中止の指示もあった。

「即刻やめなさい」

それは、四輪R＆Dセンター（栃木）の前身ができた頃なので一九八二～八三年のことである。栃木に移ってしばらくしたある日、常務取締役で栃木の研究開発部門の責任者からエアバッグの開発の件で呼び出された。当時のエアバッグ・プロジェクトのリーダーは取締役で、他の業務もあったので著者がプロジェクト・リーダーの仕事の多くを代行していたためだ。

「小林君、キミがやっているエアバッグ、あんな危ないものを商品化してはいかん。会社が潰れる。即刻やめなさい」とまくし立てられた。研究開発部門の責任者の指示なので従うしかない。あまりに理不尽で突然の指示に頭にきたが、冷静にこう応じた。

「そこまで言われるのなら、終結方向で考えます。ただ、おやじが時々見に来てくれる上、久米是志さん（当時社長）も進捗状況を気にしているので、久米さんにはそちらから伝えていただけませんか」

するとと「あっ、そういうことは僕からは言えないから。君が言いなさい」と。「なんだバカヤロー」と思った。久米さんに開発中止を伝える覚悟もないのに中止と言ってきたのだ。もちろん久米さんには伝えなかった。久米さんはエアバッグの実用化を真剣に考えていたので、途中で投げ出すようなことを言えば激怒するに決まっているからだ。結局、その責任者がエアバッグの開発中止を持ち出すことは二度となかった。

猫またぎの六研

もっとも、当時のプロジェクト・リーダーもエアバッグのリスクしか見ていなかった。彼はある日、開発チーム全員の前で「俺の目の黒いうちは、エアバッグのような危ないものは商品化しない」と言ってしまった。つい本音が出たのかもしれないが、プロジェクト・リーダーがプロジェクト自体を否定するようなことを言ってはダメだ。その時のチームみんなの悲しそうな顔は忘れられない。士気は落ち込み、チームはボロボロの状態になった。

著者は、そのときも「世界で毎年一〇万人、毎日三〇〇人近くの人が交通事故で亡くなっている。エアバッグで、この人たちの命を救おう」「今に『シビック』の半分にエアバッグを載せるぞ」という発言を繰り返した。この二つのセリフは筋金入りなのだ。特に「シビックの半分に載せる」は効果的だった。最初は「冗談ばかり言って…」という反応だったが、諦めずに何度も言い続けるうちに、だんだんその気になってきたのか、みんなの顔が明るくなった。この当時の最大の仕事は、自分自身を含めたチームの元気付けだったと思う。気持ち的には仕事の九五％くらいを占めていた。

栃木の研究開発部門の責任者やプロジェクト・リーダーだけではなく、当時エアバッグは社内全体でも評価されていなかった。「安全技術は将来のために研究をしておく必要はあるが、優先順位は低い」という雰囲気だ（ただし、おやじと久米さんは例外で、強い関心を持っていた）。安全技術は、本田技術研究所の第六研究室が担当していたが、研究所のほとんどの人が無関心。「六研って何やっているの？」と聞かれることもたびたびあった。口さがない連中は、猫がまたいで素通りするほどまずい魚に例えて、「猫またぎの六研」と呼んでいた。

エアバッグは新車開発とは違う

衝突時に乗員を保護するというエアバッグは当時、大して価値があるものとは考えられていなかったのである。これはクルマのユーザーも同じだった。「自分だけは事故を起こさない」という根拠のない思い込みからシートベルトさえ締めない人が多かった。しかも、エアバッグの実用化に向けての技術的なハードルはとてつもなく高い。スペースシャトルを上回り、長期有人衛星並みの信頼性が求められるのだ（図23-1）。こんな状況で、通常の技術開発、例えば新車開発と同様のマネジメントを行うと、結果は火を見るよりも明らかだ。開発中止である。実際、我々がエアバッグを世に送り出した時、ほとんどの自動車メーカーはエアバッグの開発を中止していた。

ここで、2章で紹介した、「イノベーションは正規分布の中央部ではなく、端部から生まれる」ことを確認しておきたい（図2-1参照）。著者はイノベーションの本質を分かりやすくするために、業務を「オペレーション（執行）」と「イノベーション（創造）」に分類して考えている。

オペレーションは、会社の仕事の九五％以上を占める、論理的に正解を追究できる業務のことである。「社員の給与計算」などの典型的な定型業務だけではなく、クルマのモデルチェンジやそれに伴う技術開発、生産ラインの改善なども含まれる。オペレーションは何をすべきかがはっきりしているのが特徴で、それをいかに効率的にやるかが勝負だ。ここでは分析と論理が必要な能力となる。

一方、イノベーションは論理的に正解が追究できない、混沌とした挑戦となる。新しい価値を実現するために、技術を未踏の領域へと飛躍させることが求められる。しかも、新しい価値は、これまでの価値観からすると〝端っこ〟にあるため、多くの人はそれが価値だということに気付かない。実際、エアバッグの開

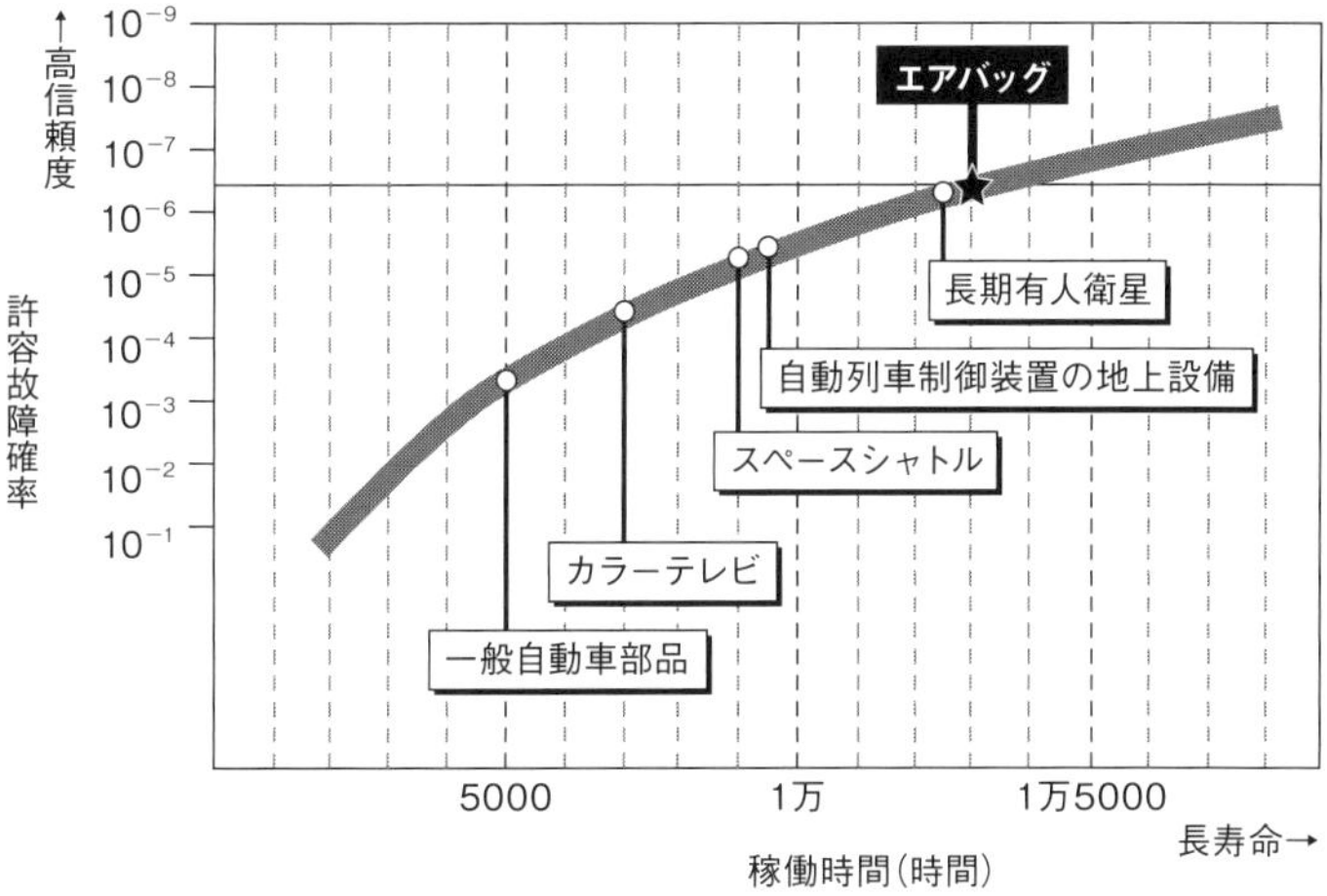

図23-1：さまざまなシステムの許容故障確率

グラフは、許容故障確率と稼働時間の関係を1つの線上に載せるために両者を調整している。実際に想定したエアバッグの稼働時間は、当時のクルマの平均寿命年数である15.6年。その間の故障確率で1/100万以下を実現した。

発では、ほとんどの人がその価値に気付かず、リスクにばかり目がいっていたのである。

想いを熟慮と直結させる

そんな技術開発を成功させるには想いしかない。オペレーションは事前の調査をしっかりして状況を分析し、論理的な思考によって問題を潰していくが、未知の領域に挑戦するイノベーションは違う。情報自体がないので分析や論理的思考が役に立たないからだ。しかも成功率は数％から高くても二〇％。普通は一〇回挑戦して九回は失敗する。オペレーションの業務は月や週の単位で進捗を管理できるが、いつ飛躍のきっかけをつかめるか分からないイノベーションは綿密な進捗管理など不可能で、想いや熱意という人間性に基づく原理でプロジェクトを運営するしかないのだ。

両者はあまりにも違うので、オペレーションの尺度でイノベーションを評価してはならないが、よくそれが起こる。そのため、ホンダでは研究（Research）と開発（Development）を意識して別物と考え、研究はイノベーションの尺度で、開発はオペレーションの尺度で評価している。イノベーションのプロジェクトはいつ成功するかも分からず、結局は九割が失敗する。それをオペレーションの尺度で評価すると、中止と判断されてしまうからだ。それではお客様をうならせるような新しい価値は生まれてこない。しばらくは過去の遺産で食いつなげるが、それが尽きたときが企業の寿命となる。

しかし、イノベーションの尺度である、担当者の想いを評価するというのはいかにも漠然としている。想いが空回りしたり間違った方向に向いたりすることがあり得る。こうした空回りや間違いをしないために、ホンダでは、上司への報告や議論を通じて、「正しい方向を探すアプローチを熟慮させる」ようにしている。その内容は15章の「久米三代目社長の、魔の四〇分」で紹介したが、一言でいうと上司がさまざまな質問を投げ掛けることによって担当者の想いと熟慮の深さを推し量るのである。

哲学あるからこそ

そして、もう一つ重要なことは、当然ながら哲学である。イノベーションで最も重要なものは何かと聞かれたときに「哲学」と答えると、ほとんどの人がけげんそうな顔をすると4章で紹介した。その際、「理念・哲学なき行動（技術）は凶器であり、行動（技術）なき理念は無価値である」というおやじの言葉も引用した。

ホンダの哲学とは、哲学者が語るような難解なものではなく技術者の中に生き続けているものだ。具体的には、「三つの喜び」と「人間尊重（自律、平等、信頼）」である。ごくシンプルな内容だが奥は深い。

三つ喜びは、一九五一年一二月におやじが「わが社のモットー」としてホンダの社内報に掲げたもので、「作って喜び、売って喜び、買って喜ぶ」ことだ。三つの中でおやじは、お客様の喜びである「買って喜ぶ」を最上のものと考えていた。これはお客様のことを最も大切に考えるということに他ならない。そして「買って喜ぶ」には、おやじが常に行動で示していた「世のため、人のために」が根底にある。

この哲学がなぜエアバッグの開発を成功に導いたのか。これまで紹介してきたように、著者は何度も「もうダメだ。これで終わりだ」というような崖っぷちを、ほとんど落ちかけながらも何とか乗り越えてきた。これは運が良かったからなのだろうか。確かにツイていたと思うが、運だけではとても説明がつかない。

ほとんどの出席者が反対する経営会議でエアバッグの量産を決めた久米さん。必要ないと確信しながらも米国でのエアバッグの実車搭載試験を許可してくれた雨宮さん。開発中止を宣告し、権限でいえばそのまま中止にできるところを、著者の想いをくみ取って開発を継続させてくれた下島さん。そして、周囲からダメテーマといわれる中で一緒に闘ってくれた開発チームのメンバー。いろいろな曲折もあったが最終的に協力してくれたサプライヤーの皆さん。運だけでは決して乗り越えられなかったはずだ。

そこにはホンダの哲学があったのである。著者が危機の際に繰り返し話した「交通事故で亡くなっている多くの人たちを、エアバッグで救いたい」という想いは、まさにホンダの哲学そのもの。この想いが、同じ哲学を魂の中に息づかせている人たちと共鳴し、彼らを突き動かしたのである。

哲学とそれに基づく純粋な想いには、人を動かす、目に見えない大きな力がある。その力が大きな流れになって、エアバッグを実用化に導いた。哲学と想い、この二つこそがイノベーションの成功を手繰り寄せる最大のカギなのである。

24章 イノベーションに挑む

天才でなくともイノベーションを達成できる

問 これまで、さまざまな視点からイノベーションの成功を手繰り寄せるためのアプローチや技術開発に取り組む際の心構え、開発の過程で起こった問題への対処の仕方などを紹介していただいた。ここでは、小林さんのお話を直接うかがいたい。今の日本企業の状況をどう思うか。開発の現場にイノベーションを巻き起こす熱気はあるのか。

答 まるでダメだ。多くの企業の若手と話してみるとよく分かる。口をそろえて「最近、ウチの会社からは新しいものが全然出てこない」と言う。創造的な商品や技術に失敗を恐れず挑戦するという文化を、もう一度取り戻さなければならない。それができなければ衰退の一途をたどる。新しいことをやる気概をなくしたら企業も国も滅びるだけだ。

問 何が原因なのか。

答　経営の責任が大きい。日本が戦後、急成長したのはみんなで頑張って新しいことをやったからだ。日本製品の強みは、品質とコストとよく指摘されるが、それだけじゃない。ホンダだってCVCC（複合過流調速燃焼）エンジンから始まってVTEC（可変バルブタイミング・リフト電子制御システム）、エアバッグ、「フィット」の燃料タンクのセンターレイアウト、二足歩行を実現したヒューマノイドロボット「ASIMO」、「ホンダジェット」などユニークな技術・商品を次々と送り出してきた。ソニーだってキヤノンだってそうだ。

ところが今はどうか。それなりに良い製品は出てくる。しかしワクワクするような製品はない。

その最大の理由は、イノベーションに対する致命的な理解不足と、その結果によるイノベーションからの撤退である。経営者の現在の最大の関心事は、新興国の市場でいかに商品を売っていくかだ。高い商品は売れないので安い商品を造れという大号令が掛かっている。技術者たちは新しい技術の開発よりも、ムダ取りや効率向上といった改善に大わらわだ。それが間違いだと言っているわけではない。新興国のお客様のニーズに合った商品を提供することはメーカーとしての務め。ただ、俺が言いたいことは「本当にそれだけでいいのか」ということだ。

新技術への挑戦は、もうやめたのか

問 小林さんは、オペレーションとイノベーションは違うと何回も強調してきた。今はイノベーションの取り組みが不足しているということか。

答 不足しているどころの話ではない。重要なので繰り返すが、企業の業務は、オペレーション（執行）とイノベーション（創造）に分かれる。オペレーションは、データの分析と論理的思考によって綿密な計画を立て、計画通りに進めることが求められる。加えて一〇〇％の成功を目指すものだ。結果的には成功率は九五～九八％だが、本来失敗は許されない。例えば、クルマのモデルチェンジや生産工程の刷新、新興国市場の開拓などが典型例である。オペレーションは業務全体の九五％程度を占め、今日と明日の利益に直結する。

一方、イノベーションは全く新しい商品や技術をゼロから開発することである。これは業務全体の五％程度だ。誰もやったことがないので、当然ながらデータはない。そのため分析や論理は役に立たない。そして九割以上は失敗する。しかし、成功した一割弱の中から将来に向けた成長の種が生まれてくる。

問　今、商品や技術の開発の現場で何が起こっているのか。

答　会社という組織は利益を上げた人を評価するので、短期間で利益を上げられるオペレーション出身者が役員の大半を占めている。すると、成功率一〇〇%が判断基準になるので、成功率一〇%以下のイノベーション分野の技術開発は「効率が悪いからやめろ」と判断されて中止になる。日本企業全体で収支に余裕がなくなっているので、真っ先に切られてしまうのだ。

オペレーションとイノベーションは本質的には別物だが、オペレーションの中にイノベーション的な要素もあり、イノベーションの中にもオペレーション的な要素がある。そのため、オペレーション出身の役員は、イノベーションを十分理解していると思い込んでいるケースが多い。その結果、「効率が悪いからやめる」という自分の判断が正しいと確信して開発中止を言いわたすのである。イノベーションに取り組む技術者はこうした状況を理解しておいた方がよい。そして、イノベーションとオペレーションでは成功率が大きく違い、アプローチも全く異なることを、反対する人たちに気付かせなければならない。

業績が悪化したときに、イノベーションに投入する経営資源を三%くらいに下げるのは仕方ない。しかし、ゼロにしては絶対にいけない。一度イノベーションが途絶えると復活させることはとても難しいからだ。しかし今、多くの企業を見ていると、純粋なイノベーションに投入している経営資源はほとんどゼロに等しい。

オペレーションの価値観を押し付けるな

問 ホンダではイノベーションとオペレーションを区別し、別の尺度で評価すると指摘していたが具体的にはどう違うのか。

答 もう全く違う。15章の「トップと上司の眼力」で久米是志さん（当時、ホンダ専務で後の三代目社長）への報告会のことを紹介した。エアバッグの開発初期段階の報告会で「クルマの安全の基本的要素は何か」と突然聞いてきたエピソードだ。著者が三つ答えると、著者の自信のなさを見透かして「四つめは何かね」と聞かれ、立ちすくんで何も言えないでいると、「五つめは何かね」と畳み掛けられた。さらに「その三つ、次元レベルは同じか」「三つは完全独立事象か」と矢継ぎ早に聞かれた。最後に久米さんは不機嫌そうに「君は安全について、まだ何も分かっていない」と言った。

このエピソードはイノベーションを評価する際の尺度を典型的に示している。このように、さまざまな視点から、時には抽象的な視点を含めて質問するのがイノベーションに対する評価の仕方である。

一方、オペレーションの分野、例えば生産ラインの刷新の報告会では質問の内容が全然違う。徹底的にデータが求められる。ライバル会社との比較、期待される成果などをデータに基づいて事細かに詰めていく。タクトタイムや直行率、正味作業時間比率といった具体的な指標ごとに定量的な改善度合いを聞かれる。次元レベルや独立事象といった抽象的なことは一切聞かれない。ここではデータの分析力と論理的思考力が武器になる。そしてデータやノウハウ

を蓄積していくのだ。このようにイノベーションとオペレーションでは評価の尺度が全く異なる。

問　イノベーションは何を手掛かりにして進めればよいのか。

答　そもそも、イノベーションは未知の分野への挑戦である。これは、過去のデータがないので分析ができないことを意味する。どこから始めればよいかすら分からないので論理的思考も武器にはならない。では何を武器とすればよいのか。

皆さんは拍子抜けするかもしれないが、繰り返し徹底的に考え続けることである。最終的な目標（実現したい価値）と、最初の攻め口、目標にたどり着くためのアプローチ、必要な要素技術の特定とその開発など考えることは山ほどある。

こうした課題を一つひとつ潰し、イノベーションを成功させるには熟慮を重ねるしかない。そして、課題を潰すための突破口になるのが、コンセプトなのである。コンセプトとは何か。それはスティーブ・ジョブズがやったことを考えてみればいい。それまでになかったパソコンを商品化し、国や大企業の研究所にしかなかったコンピュータを個人で使えるようにした。今でこそ当たり前となった、使い手の能力を拡大するための個人向けコンピュータ、つまりは「パーソナル・コンピュータ」は、まさに画期的なコンセプトだった。

ご存じの通り、ジョブズはパソコンだけではなく、いつでも音楽を購入してすぐに聴ける「iPod」と「iTunes」、スマートフォン「iPhone」、タブレット型端末の「iPad」を商品化した。いずれも卓越したコンセプトの商品である。ジョブズはコンセプトづくりの天才だった。

まずコンセプト、技術はその次だ

問　コンセプトは曖昧な言葉に思える。具体的には何を意味するのか。

答　俺は、コンセプトを「お客様の価値観に基づき、ユニークな視点で捉えたモノ事の本質」と定義している。お客様が「ああ、これを買って良かった」と思う価値をユニークな視点で具体化しなければならない。

そして、最も重要なのが「モノ事の本質」である。突き詰めて考えればコンセプトとは、モノ事の本質そのものだからだ。先に話した報告会で最後に久米さんが言った「安全について何も分かっていない」という言葉は、「安全のコンセプト（つまり安全の本質）を何もつかんでいない」という意味なのである。

コンセプトはイノベーションだけではなく、クルマのフルモデルチェンジなどの商品開発でも重要になる。俺は多くの新車開発の責任者と議論したが、「良いコンセプトが見つかると、良い商品・技術ができる」という点ではほぼ全員が一致していた。コンセプトが先で、商品や技術は後から付いてくるのだ。

その典型例として紹介したのが、五代目「シビック」のコンセプト「サンバ」である。サンバはブラジルの代表的な音楽と踊り。普通に考えたらクルマとはつながらない。しかし、開発チームはサンバの踊りをイメージしながら躍動的なデザインをものにし、機敏なハンドリングを実現した。販売部門もサンバをイメージしながら宣伝広告戦略を考えた。

コンセプトはお題目ではなく、実務上の意思決定に直接役立つ基準になる。例えば、インスツルメント・パネルのデザイン案が二つあったとする。一つは技術的に難しくコストも掛かるが「躍動的」、もう一つは技術的に容易で低コストだが「おとなしい」。この場合、サンバというコンセプトを基に判断すれば、迷うことなく前者を選ぶことができる。こうした判断は開発の過程で無数に必要となるが、コンセプトがはっきりしていれば間違えることはない。

発売された際のシビックの商品説明や広告にはサンバの文字は全くない。しかし、車体デザインや走行感覚にサンバの〝匂い〟が残っている。陽気でウキウキする感覚だ。これがお客様の琴線に触れ、五代目シビックは大ヒットした。
一方、エアバッグのコンセプトはシビックとは〝次元〟が全く異なる。それは「技術の故障なら技術で解決できる」というものだ。エアバッグの開発では、暴発や不発が強く懸念されていた。これに対して、これらは技術的な故障なので技術で解決できると主張したのだ。分かる人には分かるもので、このコンセプトはすんなりと承認された。

論理的思考のさらに先へいく

問　コンセプトはどうつくればよいのか。一般的な注意点はあるか。

答　コンセプトは、プロジェクトの本質を簡潔な言葉で表現したもの。そして、理屈を超えたものである。だから良いコンセプトをつくるためのマニュアルはない。
サンバは論理的な思考の結果から導き出されたものではないし、「技術の故障なら技術で解決できる」というのも論理的に正しいことが証明できない。しかし、技術の故障だから何らかの技術的な解決手段が必ずあるはずという信念を我々は持っていた。ホンダではこうした信念や意志、熱気、ワクワクした気持ち、カオスなどが融合したものを〝想い〟と呼んでいる。スティーブ・ジョブズがこだわった〝情熱〟と、ほとんど同じ意味だと思う。想いや情熱を持った人間と、上司からの指示を単に効率的にこなすだけの人間がイノベーションに挑戦した場合、どちらの成功率が高いかは火を見るより明らかだろう。

もっと面白く、もっとユニークに

問　コンセプトは天才がひらめくもののように思えてきた。

答　センスは必要だが、天才である必要はない。普通の人間がコンセプトを練り上げていくためのホンダのやり方は後で話すが、その前に我々日本人の弱点を指摘しておきたい。弱みを知っておけば対策が採れるからだ。我々の弱みとは、コンセプトの重要な要件であるユニークさに、疎いということだ。

14章で、コンセプトを考える際に大和言葉で考えてみるとヒントを得やすいと説明した。その際、「つつましやか」を英語にしたいと思って電子辞書で調べたら「small」と出てきたことを紹介した。英語にはつつましやかに当たる言葉がない。これとは逆に、大和言葉にはユニークに当たる言葉がない。

普通に考えると「変わった」になるが、変わったにはややマイナスのニュアンスがある。ユニークには他と違っていることは素晴らしいというプラスのイメージがあるので、「変わった」では不十分だ。より正確さを期すなら「比類なき」だろうが、漢語調であり大和言葉ではない。これは、我々がユニークという概念に疎いことを示している。かなり意図的にしないとユニークな視点は得られないのだ。

問　ユニークさに関する我々の弱点はどう克服すればよいのか。

答　具体的な対策を採るというよりも習慣の問題だ。例えば、俺が若かった頃、本田技術研究所には変わった習慣があった。課長クラスが若手を飲みに連れていった際、「最近街で見つけた面白い話はないか」と必ず聞くのだ。その時につまらないことしか言えないと、だんだん誘いが減る。特上すしや天ぷら、時にはうなぎを逃すものかと、面白いことを懸命に探していた。

問　面白いことを探すとどんなメリットがあるのか。

答　真剣になって探していると、面白いことに関して感度が高まってくる。そして、面白さを見抜く力が付いてくる。ここでいう面白さは、ユニークにかなり重なるものだ。

後で分かったのだが、この習慣が生まれたのもおやじの影響だった。おやじが役員と食事に行って、「おい、最近、街で見つけた面白い話はないか」と聞く。それで、今度は役員が主任研究員やマネジャーと食事にいって「おい、面白い話はないか」と尋ねるのだ。だから、研究所の全員が面白いことを探していた。

普通の人でも天才に勝てる

問 面白いことを探すことはコンセプトづくりとどう関係するのか。

答 習慣付けや感度・センスを磨くという点では同じだ。ここで話を戻して天才ではない普通の人間がコンセプトを練り上げる方法を紹介しよう。

図24-1は、4章でも紹介したホンダ流イノベーションの見取り図だが、「ワイガヤ」や「三現主義」「絶対価値」などの多くが、そのままコンセプトづくりを加速させる仕掛けになっていることが分かる。つまり、企業文化や仕掛けによって、ホンダはコンセプトづくりを加速させイノベーションの成功率を高めてきたのだ。こうした企業文化や仕掛けは、おやじが技術の第一線から次第に遠ざかっていった時期に、おやじから直接学んだ世代の久米さんたちがホンダらしさを引き継ごうとして考えたものが多い。具体的には「ワイガヤ」「A00」「三現主義」などであ

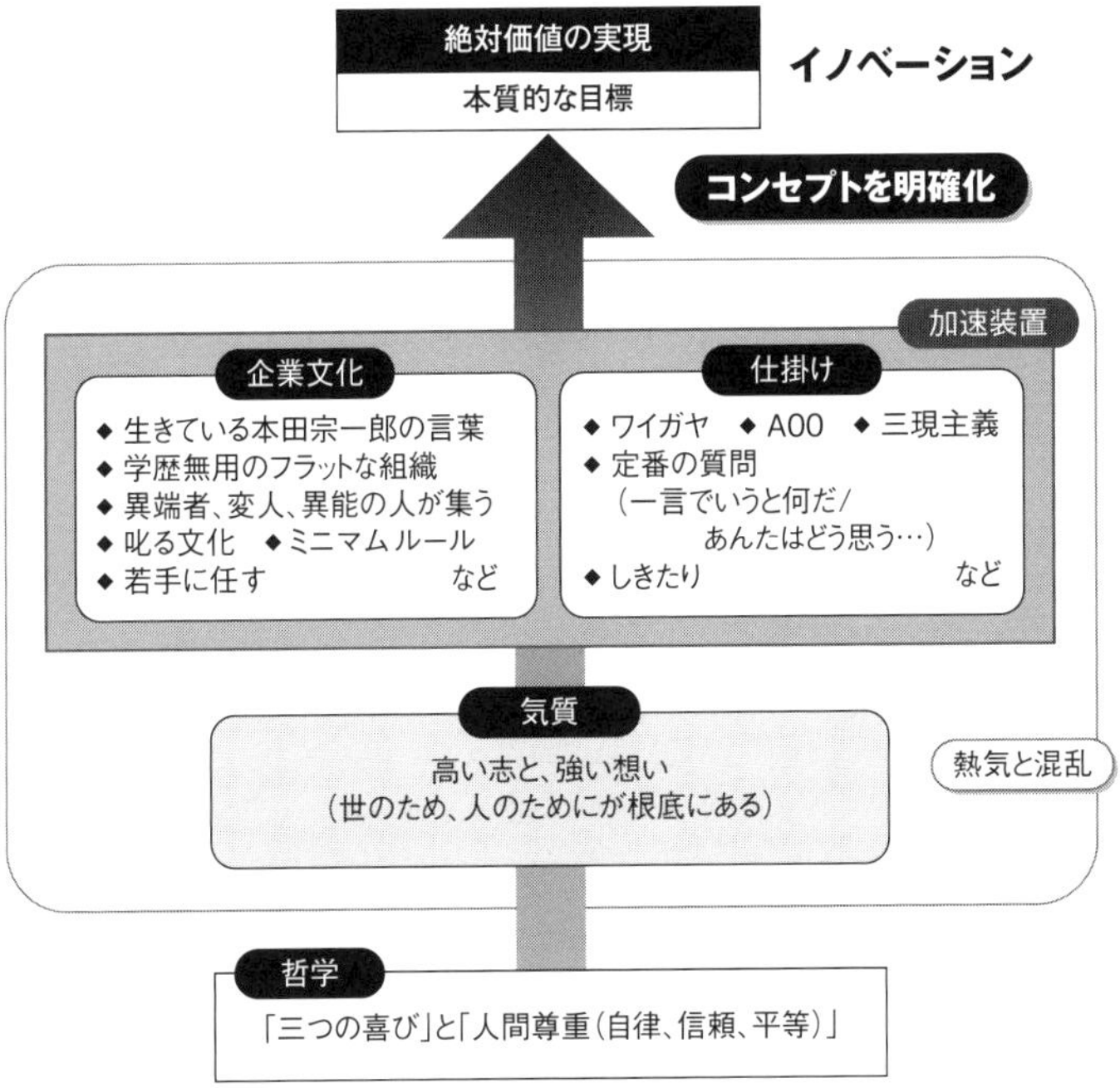

図24-1：ホンダ流イノベーションの見取り図
ホンダのイノベーションの根底には「哲学」があり、技術者の「気質」「企業文化」「仕掛け」が熱気と混乱を生んでイノベーションを推進している。見方を変えると、こうした企業文化、仕掛けはコンセプトを明確にするのにも大きく貢献している。

る。おやじは天才なので、普通の人間にはマネできない。そこで普通の人間が何人か集まって天才と戦おうとしたのである。

典型がワイガヤだ。ホンダのワイガヤは単なるブレーン・ストーミングではなく、社外で三日三晩泊まり込んで脳みそをぎりぎりまで絞って議論する。エアバッグの開発では、開発の大きな方向性を決める際やコンセプトを固める際に、必ずワイガヤを開催した。平均すると年に大体四回程度になる。

このワイガヤは、藤沢武夫・初代副社長がアイデアを出して、久米さんが始めた。ワイガヤを繰り返せばコンセプトをつかむための洞察力が付き、センスが磨かれていく。エアバッグを開発していたころの本田技術研究所では、「ワイガヤに二〇回参加してやっと白帯、四〇回で黒帯。議論をリードする黒帯を目指せ」と言われていた。天才に勝つためにはチームを組んで対抗するしかなかったのだ。

一方、「三現主義」は、ワイガヤとは全く異なるアプローチでコンセプトを明確にする際に役立つ。三現とは「現場」「現物」「現実」のこと。一般には「現場で現物を見て現実を知り、現実的な対応をする」ことと説明されるが、ホンダの三現主義には、そこに「本質」というキーワードが組み込まれている。つまり、「現場・現物・現実を知ることで、本質をつかむ」のがホンダの三現主義だ。コンセプトは、モノ事の本質なので、コンセプトを捉えるために三現主義がいかに重要かが分かるだろう。さらに言えば、「絶対価値」とはコンセプトに基づいた具体的な目標である。

ホンダは、こうした企業文化や仕掛けによって、本質を見抜き的確なコンセプトを導いて、イノベーションの成功率を高めていたのである。試行錯誤の場合でも、単なる運頼りではなく、企業文化や仕掛けによって正しい方向に導く力が生まれる。ホンダでは一九八〇年代と一九九〇年代を通じてイノベーションの成功率は二〇%くらいに高まっていた。通常の二倍以上である。

問　ホンダの企業文化や仕掛けは確かにイノベーションを加速する強力な仕組みだと思う。しかし、一朝一夕につくれるものではない。日本においてイノベーションの危機を迎えている今、我々は何をすれば良いのだろうか。

答　イノベーションを開花させる土壌を回復させるために何をすべきか。それは確かに大きな問題だ。それに関しては後で話そう。その前に、イノベーションを生み出す基盤のある種のはかなさを指摘したい。ホンダでは企業文化や仕掛けがイノベーションを加速する装置になっているが、こうした企業文化や仕掛けは、一度壊れたら回復するのは非常に難しいということを肝に銘じておかなければならない。

企業文化や仕掛けはそれぞれが独立しているのではなく有機的につながっているからだ。たとえ短期間であっても、イノベーションへの投資をゼロにするということは、こうした企業文化や仕掛けに決定的な影響を与える。最悪の場合は、もう一度最初から構築しなければならない。この際、それぞれの要素が相互に関係しているので簡単にはいかない。例えば、「ワイガヤ」は「自律、平等、信頼」がなかったらうまく機能しない。ワイガヤだけ復活させてもダメなのである。こう考えると、現在の日本企業のイノベーションの危機は、途方もなく深刻である。

問　日本企業のイノベーション力の低下は根が深いということか。

答　そうだ。社長がリーダーシップを発揮して、イノベーションに取り組むことが復活への早道だが、現状ではイノベーションの本質を理解しているトップはほとんどいない。

ホンダを例に、いかにしてイノベーションを加速する企業文化と仕組みが出来てきたのかを考えたい。それは、ある意味で奇跡だった。

まず、ユニークな考えと強力なリーダーシップを持ったおやじという天才がいた。当時は町工場だから社員の顔が全部見えた。おやじはしょっちゅう夢や理想、仕事への取り組み姿勢などを熱心に話していたという。仕事の最中にも「ホンダは何のために存在するのか」と突然聞いてくる。答えに熟慮が足りないと瞬時に怒り、怒ったときには殴りつけることもあった。そんな濃密な環境の中で、いや応なしにおやじの考えをみんなで共有することができた。

こうした直弟子たちは、ホンダが成長して大きくなる中で責任ある立場に就いていった。そしておやじから学んだことを部下たちに叩き込んだ。「俺が死ねと言ったなら、おまえは死ぬのか」や「君は本当にラッキーな技術者だ」「一言でいうと何だ」「おまえには五〇〇億円の価値がある」「あなたはどう思う。そして何がしたい」といったおやじの言葉が引き継がれていった。

しかし、組織の規模が一万人を超えると、こうしたやり方はなかなか通じなくなる。

問　コミュニケーションの形が変わってくるからか。

答　一万人になると、もう顔すら分からない。顔と名前が一致するのは一〇〇〜一五〇人くらいまで。一〇〇〇人までは名前は分からないけど顔は分かる。それを超えたら、顔を見てもうちの社員かどうか分からない。ホンダの場合、おやじの直弟子がいたから一〇〇〇人を超えてもホンダの哲学を共有することができたが、それでも限界はある。

二代目社長の河島喜好さんは、それを見抜いていた。河島さんはホンダの従業員が国内で一万人、海外を含めて四万～五万人になった時に、「ホンダ全体を上から改革することは無理だからやらない」と話している。その代わりに、課や部ごと、つまりみんなの顔が分かっている組織単位で変わっていくしかないというのである。

全社で考えると対象が大きすぎて具体的な話ができない。それよりも、まず課が変わり、そこから新しいものをどんどん出していけばいい。結果が出ると、「すごいな。あそこを見習おう」という機運が出てくる。気付くと全体が変わり始めているというわけだ。

問　ホンダは、ＭＢＡに代表される、近代的なマネジメント・システムを導入して、国際的な大企業にふさわしい体制を整備すべきだという指摘が多い。この指摘を考えると、その改革論は抽象的すぎないか。ホンダの場合、本田宗一郎みたいな天才がいて、それにじかに鍛えられた人たちが散らばってホンダを支える屋台骨になった。それは奇跡だ。奇跡に頼ったマネジメントよりも、より近代的なマネジメントにした方が、次なる成長に向けた土台を強固にできるのではないか。

答　そう指摘する人が確かに多い。

だが、ここではイノベーションの話をしているのだ。MBA的な経営を導入した企業で世界が驚くようなイノベーションを成功させたところがあるだろうか。MBAは実用性と実例を重視するのでオペレーション分野には非常に効果的だが、企業の核となる哲学にはつながりにくい。「三つの喜び」や「人間尊重」はMBAの発想からは出てこない。そして、イノベーションでは、その哲学や想いこそが重要なのだ。ホンダだってオペレーションの分野ではデータを重視し、それをしっかり分析している。

ルールを明確にして文書化し、その文章に基づいて効率的に経営する。こうした経営手法は一見合理的に思えるが、言葉にできないもの、つまり想いや熱気が伝わらない。「How to」は明確になるが、イノベーションで重要な「What（何を造るか）」と「Why（どんな想いに基づいて造りたいのか）」が抜けてしまう。おやじが真剣に話すときは、目をカッと見開いて相手の肩をつかみ、ゆすりながら、時に涙を浮かべていた。むき出しの想いが込められていた。想いとはこうして伝えるものなのだ。

ここで先の質問に戻りたい。イノベーションの危機において、我々は何をすべきだろうか。

俺が強調したいことは、危機に立ち向かうには、まずプロジェクトチーム単位で、ボトムアップで変えていくしかないということだ。あなた自身がイノベーションの本質を理解し、上司や経営陣を説得しながらチーム単位で成果を生み出すしかない。「上が悪い」と愚痴を言っているだけでは何も始まらない。会社や上司の理解のない中で、イノベーションに挑戦し続けることは困難な道だが、決して不可能ではない。あなたの挑戦がなければ、イノベーションは一歩も進まないのである。

（聞き手は日経ものづくり編集部）

おわりに

戦後の日本企業は、初めのうちこそ欧米のコピー商品を安く造ることで成長したが、その後は世界が驚くイノベーティブな商品や技術を次々と生み出し、一九八九年に当時のソ連を抜いて、日本のGDPが世界第二位に輝く原動力となった。海外の企業人とこの点ついて話をすると、資源も少ない小さな国で、なぜそんなことができたのかと、とても不思議がる。ところが悲しいことに、米ゴールドマン・サックス社の予測では、二〇五〇年に日本のGDPは世界八位に後退してしまう。もうその先は世界の三流、四流国に成り下がる道しか残されていない。

企業の役員や社長に言いたいことがある。「企業の今年の利益は、今の社長と役員の成果ではなく、一〇～一五年前の社長と役員の成果。それなら今の社長と役員のすべきことは、一〇～一五年後のために何に投資するか考えることだ」と。オペレーションの質的向上などの短期的なテーマは若い人たちに任せ、長期的視点から新たに何を生み出すかを考え、それを実行に移すことが経営陣の最大の仕事である。イノベーションの割合は業務の約五％だが、経営陣は頭脳の五割以上をイノベーション領域に使って将来の種を育てなければならない。それをしないと企業の将来はないし、日本の将来もなくなる。「イノベーションを起こさない国と企業は必ず衰退する」ことは、歴史が証明している。何も新しいことをやらない経営陣は、ただ先輩の遺産を食い潰しているのである。一方、四〇歳を過ぎた人には、イノベーション力やイノベーション判断力はもうないということを認識した上で、いかに若い人たちを生かして新しいことを推進するかを真剣に考えてほしい。間違っても若い人のイノベーションを止める輩《やから》にはなってほしくない。

四〇歳前の若手・中堅の人にも伝えたいことがある。イノベーションはあなたたちにしかできないのだ。若い時にどんどん挑戦し、イノベーションを成し遂げてもらいたい。新しいことをやろうとすると、四〇歳を過ぎたベテランや年寄りが邪魔をする。「君のやっていることは私が昔やったんだ。こんな理由でうまくいかないよ」などと知ったふうな顔で言う。先輩に対する無礼はダメだから、こういうときは聞いているフリをしなさい。心の中で「あなただからできなかったんだ。私なら絶対にやってみせるぞ」と思っていればいい。逆に、そう思えない人には日本の将来を任せたくない。日本は資源の少ない国だから、食料や石油などのエネルギーは海外から購入せざるを得ない。革新的な商品・技術・サービスなどを生み出して海外に輸出し、海外の方々に喜んでもらい、その対価としての外貨を稼がないと、我々の子供や孫たちは幸せにならない。

加えて、新しいことを生み出すと、世界の人たちが尊敬してくれる。本田宗一郎や米アップル社のスティーブ・ジョブズは世界から尊敬された。イノベーションに挑戦して成し遂げ、世界から尊敬される日本をつくって、我々の子供たち孫たちを幸せにしてほしい。それが日本の若者のやるべきことだと信じている。

最後に、この本をまとめるに当たり、いろいろな機会に本質的指導をしていただき、多くの気付きと天啓をいただいた一橋大学名誉教授の野中郁次郎氏に謝意を表したい。また日経ものづくり副編集長の高田憲一氏には多大なるご尽力をいただいた。もともとは大学での講義ノートからスタートした内容であるが、全体の構成、各章の内容、まとめ方、表現など全ての点において、ご協力、ご助言をいただいた。私の能力といえば、こうした真のエキスパートを見いだして協力をお願いしたことである。

この本が明日のイノベーションを創出するために少しでも役立ち、日本の企業が発展するとともに、日本が世界から尊敬され続ける国となることを期待し、夢見ながら筆をおく…。

二〇一二年六月

小林三郎

本書は『日経ものづくり』の二〇一〇年四月号〜二〇一二年三月号に連載した「ホンダ イノベーション魂！」をまとめたものである。書籍化に際して、一部加筆修正し、統計データなどを可能な限り最新のものに差し替えた。

著者プロフィール

小林三郎（こばやし・さぶろう）

1945年東京都生まれ。1968年に早稲田大学理工学部卒業。1970年、米 University of California, Berkeley 工学部修士課程修了。1971年に本田技術研究所に入社。16年間に及ぶ研究開発の成果として1987年、日本初のエアバッグの量産／市販に成功。小林氏の開発したエアバッグの構造／機構が他社も含め、その後の量産型エアバッグの基本になる。2000年にはホンダの経営企画部長に就任。2005年12月に退職後、2006年3月に一橋大学大学院国際企業戦略研究科客員教授に就任（2010年3月末まで）。2010年4月に中央大学大学院戦略経営研究科の客員教授に就任して現在に至る。

エアバッグ、アシモ、ホンダジェットはここから生まれた

ホンダ イノベーションの神髄

独創的な製品はこうつくる

2012年 7月30日　初版第 1 刷発行
2023年 3月 3日　初版第13刷発行

著　　者　小林 三郎
発 行 者　小向 将弘
発　　行　株式会社日経BP
発　　売　株式会社日経BPマーケティング
〒105-8308　東京都港区虎ノ門4-3-12
校　　正　佐々木三奈、白井佐和子
デザイン　新川 春男（市川事務所）
制作・印刷　美研プリンティング

ISBN978-4-8222-3143-9